正念

此刻是一枝花

[美] 乔·卡巴金 著　王俊兰 译
（Jon Kabat-Zinn）

WHEREVER YOU GO, THERE YOU ARE

Mindfulness Meditation in Everyday Life

机械工业出版社
China Machine Press

图书在版编目（CIP）数据

正念：此刻是一枝花/（美）卡巴金（Kabat-Zinn, J.）著；王俊兰译 . —北京：机械工业出版社，2015.4（2022.10 重印）

书名原文：Wherever You Go, There You Are: Mindfulness Meditation in Everyday Life

ISBN 978-7-111-49922-0

I. 正… II. ① 卡… ② 王… III. 人生哲学 – 通俗读物 IV. B821-49

中国版本图书馆 CIP 数据核字（2015）第 072482 号

北京市版权局著作权合同登记 图字：01-2015-1417 号。

Jon Kabat-Zinn. Wherever You Go, There You Are: Mindfulness Meditation in Everyday Life，10th Anniversary Edition.

Copyright © 1994 by Jon Kabat-Zinn, 2005 afterword by Jon Kabat-Zinn.

Chinese (Simplified Characters only) Trade Paperback Copyright © 2015 by China Machine Press.

This edition arranged with Hyperion through Big Apple Tuttle-Mori Agency, Inc. This edition is authorized for sale in the Chinese mainland (excluding Hong Kong SAR, Macao SAR and Taiwan).

正念：此刻是一枝花

出版发行：机械工业出版社（北京市西城区百万庄大街 22 号 邮政编码：100037）

责任编辑：方 琳 责任校对：殷 虹

印 刷：北京铭成印刷有限公司 版 次：2022 年 10 月第 1 版第 25 次印刷

开 本：170mm×242mm 1/16 印 张：13.5

书 号：ISBN 978-7-111-49922-0 定 价：59.00 元

客服电话：（010）88361066 68326294

太多的人生问题，是因为我们想要逃离

1971 年，乔·卡巴金刚从麻省理工学院著名生物学家、诺贝尔奖获得者萨尔瓦多·卢瑞亚（Salvador Luria）手中接过博士学位，到麻省医院开始他的职业生涯。

他本该在麻省医院的实验室折腾各种瓶瓶罐罐里的试剂，安心做他的科学家，可是他不愿意。他是印度裔美国人，虽然在美国接受了最好的科学教育，可根还在佛教的故乡。他既不想做一个科学家，也不想做一个修理身体的传统医生，而是想追随佛陀的脚步，做一个改变人身体和心灵的疗愈者（Healer）。他相信，疾病的治愈，从来都不该脱离对生活的领悟和修炼。

卡巴金想做的，是一种参与式的医学。他认为，疾病的治疗可以由医生主导，身心的疗愈却无法假他人之手，必须通过治疗者自身的全情投入来实现。所以他邀请接受正念减压的受训者通过正念练习，来学习对自己经验的开放和觉察，学习如何与自己的压力和痛苦和睦相处。他认为，这种觉察虽然并不能直接改变压力和痛苦，但是会改变病人与它们之间的关系。关系的改变会带来体验的改变，并最终改变病人的人生。卡巴金自己的参禅经验让他对这种改变深信不疑，于是从 1979 年开始，他和几个同事在麻省医院的地下室，开始试验性地教导病人正念的练习。

今天，医学界已经普遍承认病人的疾病常常是心理、生理、社会因素多层次相互作用的结果，但在 20 世纪 70 年代，一个典型的医生眼中只有病人生病的躯体，还没有完整的病人。在这样的年代，用"正念"这样带有东方宗教神秘意味的理念和方法来治疗病人，很容易会被看作离经叛道和不务正业。

我相信，卡巴金一定度过了很长一段纠结的日子。从他和同事在麻省医院的地下室接待第一批病人开始，这种质疑的声音就从未停过。好在他所接受的科学训练，很快变成了一种优势。他开始用严格设计的科学方法来记录病人的变化。他深知，要被西方主流思想接受，正念疗法必须和科学挂上钩。他开始为佛教和科学搭建桥梁。

卡巴金在麻省医院地下室接待的第一批病人，都有很严重的身体疾病：皮肤病、心脏病、慢性疼痛甚至癌症。卡巴金从未试图给病人虚幻的希望。他只是教他们，怎么和疾病、疼痛相处，怎么在过去和未来的间隙，投入当下，怎么把从练习中获得的态度和体验，融入生活。第一批病人走了，他们很快带来了第二批病人；第二批病人走了，又很快带来了更多的病人。接着，有精神问题的病人来了，想体验这种方法的医生来了，想一探究竟的科学家来了，想把这种方法传播出去的教学者也来了。卡巴金和他的同事，就这样默默地接待他们。最初 10 年，他们做的工作，大部分都是免费的。卡巴金知道欲速则不达，就像耐心播种的老农。他最知道慢就是快的道理。

这样的工作，持续了 30 多年，直到今天，仍在继续。

回过头来，才能清楚地看到这些种子的意义。今天，正念减压（Mindfulness-Based Stress Reduction，MBSR）已经从边缘逐渐走向主流和正统。美国已有 520 多个从事正念减压的培训机构，全球已有 740 个培训机构。无数人接受了正念培训。一些人的人生由此发生了重要变化。

在科学界，正念已经成为心理学、神经科学、健康和教育领域的热门话题。美国财政每年拨款数千万美元资助与正念冥想有关的科研项目。《情绪》(*Emotion*)、《社会认知与情感神经科学》(*Social Cognitive and Affective Neuroscience*)等著名学术期刊多次推专刊介绍正念冥想的作用及其神经机制。大量的研究文献表明，正念冥想有助于治疗慢性疼痛、焦虑症、皮肤病、抑郁症复发、失眠、物质滥用、酒精依赖、饮食障碍、心脏疾病和癌症等心身疾病。

在文化界，正念同样逐渐成为主流文化的一部分。2014年2月，《时代周刊》(*Time*)发表了以"The Mindful Revolution"为题的封面故事，介绍了正念培训在硅谷工程师和高管中的流行。而每年的正念大会"智慧2.0"时代，都会有像推特、Instagram和脸谱这类公司的总裁来分享自己修行正念的心得。正念开始变得时髦。

卡巴金代表了一批受过科学训练又有禅修经验的科学家。他们默默耕耘，把一个处在学术边缘、带点神秘主义的概念，带到了科学和文化中心。这其中也包括神经学家理查德·戴维森(Richard J. Davidson)，最近他编写的《大脑的情绪生活》(*The Emotional Life of Your Brain*)刚在我国出版。书中花大篇幅介绍了禅修的脑机制。理查德·戴维森对禅修的理解是："当我们以开放和接纳的态度去面对自己的新经验时，以往用于自动反应的神经联结被暂时阻断了，而新的大脑突触联结得以产生和加强。正念利用大脑的可塑性，对心灵的习惯重新进行了训练，在大脑中开辟了一些新的神经通路。"

很多人对正念的态度，经历了从怀疑到接受的转变，这其中包括卡巴金的导师萨尔瓦多·卢瑞亚。他曾经对弟子从事的事业颇有疑虑，但他年老时患上了癌症，开始在病榻上跟卡巴金学习正念之道。

2013 年，当卡巴金教授来到中国的时候，他已是誉满全球的正念导师和科学家。他倡导的正念减压方法正在全世界范围内传播。在中国，也有越来越多的人知晓他。

他来到中国这个禅的故乡，向现代中国人教授禅的传统。他讲授书法"道"和"念"的含义。他说，"道"是一条通往觉悟的崎岖山路，而"念"是把心安驻在此刻。他用英语背李白的诗："众鸟高飞尽，孤云独去闲。相看两不厌，只有敬亭山。"然而旁边的中国翻译却茫然失措，因为他并不知道这首诗。他说正念的要义，是让一切自然地展开。而眼前这展开的一切，恐怕也不是 30 多年前，麻省医院地下室那个默默耕耘的卡巴金所能预料的。

有时候我们评价一个作者，会说"我觉得鸡蛋好吃，并不需要去知道下它的鸡什么样"。但正念不是。根据佛教的传统，你能向别人传授的，不是道听途说的知识，而是你自己所悟到的道。在正念里，作者和他的作品应该是一体的。卡巴金老师本人的经历，正是一个关于专注、信任、坚持自我、但行好事莫问前程的正念故事。

2013 年，我刚博士毕业，一边在大学当心理咨询师，一边在佛学院教心理学。佛法和心理咨询有相似之处，都在帮助人获得心灵的宁静和解脱。但无论在过去还是现代，"佛法"都很容易被一些人利用，沦为虚无缥缈的清谈、封建迷信的土壤、招摇撞骗的工具、炫耀显摆的资本或者自欺欺人的迷药。为了更好地渡人自渡，佛教可以从现代心理学中借鉴一些东西，而心理学，更是可以从佛教思想和修炼方法中汲取养分。我期待佛教和心理学会在某处相遇，就像我的两位老友相聚。

然后我读到了卡巴金老师的《正念：此刻是一枝花》。这真是一种奇妙的阅读体验，既像聆听一位智者的布道，也像和一位久别重逢的朋友谈心。虽然卡巴金是一个美国人，但你不会觉得有任何陌生和隔阂。

我猜这种亲近感是因为《正念：此刻是一枝花》里有一种精神，清静平和，有思想却没优越感，有情怀又不矫情，脚踏实地又立意高远，一切都恰到好处。最重要的是，我看到了，佛教和心理学相遇的地方。正念，就在此地。

现在，你也与这本书相遇了。佛说，这是因缘。你驻足在此，你翻开此页，总有你的理由。也许你遇到了压力、困扰，正如每个人生活中都会遇到，也许你想找的让内心平静的方法，每个人内心都有所期盼。

正念是这样一种方法，但又不是。虽然有大量的研究证明了正念的诸多功效，但正念本身并不是实现这些目的的工具。正念练习的，是"无用之用"，"不作为的作为"，是你在这里，体验自己在这里。正念不关乎目的，只关乎存在。

有什么比存在更美妙而重要的事呢？

正如卡巴金老师所说："生命只在刹那间展开，若无法全心与这些刹那同在，我们将错失生命中最宝贵的事物，而且会意识不到自身成长和蜕变中的丰富性和深邃性。"

正念所倡导的人生态度，是专注、接纳、信任和耐心，是体验生命本身的富足和美好。这种简单的人生态度，正是我们这个日益复杂和功利的时代的稀缺品。

太多的人生问题，是因为我们想要逃离。逃离的企图，有时被隐藏在积极改变、努力上进的后面。我们经常忘记，当我们说憧憬未来的时候，其实是说现在不够好；当我们说改变自己的时候，其实是说自己不够好。而现在的自己，正是我们生活的全部。

有时候，成功学或者心灵鸡汤可能成为我们为逃离生活而制造的幻象的一部分，让我们相信真正的生活在远方，从而与真实的生活、真实的自己越行越远了。

在这苦乐交融的人生中，怎么珍惜当下，怎么删繁就简，怎么与自己相处，怎么投入地生活，正念说的，其实是我们生来就懂却逐渐忘却的东西。

陈海贤

于浙大紫金港

你能想到吗？归根结底，无论你身处何方，你就在那里。无论你最终做了什么，你最终做的就是什么。无论你此时在想什么，你此刻想的就是什么。无论何事发生在你身上，它已然发生。关键在于，你如何应对。换句话说，此刻该当如何？

无论你喜不喜欢，我们真正需要认真应对的唯有当下。然而我们对待人生的态度都太过随意，就好像在这个瞬间忘了我们当下在此处——我们已经到达的地方，忘了我们身在当下。在每一刻中，我们都发现自己身处此处当下的交汇点。但是当遗忘的阴云使我们不知自己身在何处时，就在这一刻，我们迷失了。"当下应该如何"就成了一个现实问题。

此处我说的迷失，指的是我们暂时迷失自我，不能发掘自己的全部潜能。相反，我们会机械地视物、思考和做事。在这些时刻，我们迷失了自我心中最深层的东西，而正是这些深层的东西使得我们能够创造、学习和成长。一不小心，这些遮蔽时刻的阴云就会不断蔓延，直至笼罩我们人生中的大部分时刻。

无论我们所在何处何时，要想真正感受我们的所在，我们就必须停下来，停留时间足够长，以便让当下进入我们的意识，以便切实感受当下，全面审视它，用意识捕捉它，并借以更好地认识它、理解它。只有那时我们才能接受我们生命中当下的真相，从中获益，然后继续前进。然而现实正相反，我们似乎总对过去念念不忘，对已经发生的事情念念不忘,或者沉浸在对还不曾到来的未来的幻想中。我们找寻另一种所在,希望身处那里时一切都会更好,我们会更快乐,希望一切更如我们所愿,或者希望事情会一如往常。多数时候,即使我们对这种内在紧张状态有所意识,我们感受到的也充其量不过是冰山一角。而且,就连我们究竟在做什么,如何应对人生,我们的行为或者更玄一点——我们的思想对我们所见及不见的事物、对我们所做和未做的事情有着怎样的影响,我们也只是了解了一星半点而已。

比如,我们往往会在无意识中认为自己的所思所想——我们在某个特定时间中产生的观点和想法,就是"外在"世界和我们的"内在"世界的真实反映。然而大多数时候,事实并非如此。

我们为这种错误的未加验证的臆断、为几乎是有意忽略当下的丰富性而付出了高昂代价。这种负面影响在悄无声息中不断累积,影响着我们的生活,而我们对此要么无知无觉,要么束手无策。我们也许永远无法完全把握我们的现状,充分发挥我们的潜能。相反,我们会沉浸在自己的个人臆想中,以为自己已经了解自己,知道自己身处何处、所往何处,知道何事正在发生,而实际上却深陷在个人想法、梦幻和各种冲动中。这些想法、梦幻和冲动大多关乎过去和未来,关乎我们的欲望和偏好,关乎我们的所惧和不喜,所有这些不断旋转,使我们迷失了方向,迷失在此处当下。

你手头的这本书讲的是如何从这种幻梦中清醒,这种幻梦往往会演变成梦魇,甚至让人不知道自己正身处幻梦中。这就是佛教中所谓的"不觉",或曰"不悟"。知道自己的不觉,就是所谓的"开悟"。要想从这种幻梦中觉醒,你要做的是冥想,是系统地培养清明心境和对当下的觉醒意识。这种觉醒与我们所称的"智慧"相伴相生,而所谓智慧,就是更深刻地洞见因和果,洞见万事万物间的相互联系,这样我们才不会深陷在自己创造的虚妄现实中。要想摆脱这种虚妄，我们需要专注于当下。当下才是我们赖以生存、成长、感受及蜕变的唯一时刻。我们需要更清醒地认识并警惕过去和未来的拖拽，避免陷入它们编织的虚幻梦境，而忘了我们的真实生活。

说到冥想，重要的是你要知道它并不像我们的主流文化所定义的那样神秘怪诞。它并不是要我们变成行事怪僻之人，不是要我们成为疏懒单调之人，也不是要我们变成自恋狂，更不是要我们变成以自我为中心者、白日梦者、宗教狂热分子、神秘主义者。冥想只关乎做你自己，有一定的自我意识。它关乎意识到无论你喜欢与否，你正在路上，正在人生的路上。冥想帮助我们明白，我们的人生之路是有方向的，明白我们的人生之路是不断延展的，一刻一刻延展开的，明白现在当下发生的事情对接下来要发生的事情是有影响的。

如果此时发生的事情确实影响到了下一刻发生的事情，那么时常环顾四周，确保自己能更好地把握当下正在发生的事，以便更能感受到当下正在发生的事情，以便能测定你的内心以及外在的方位，以便清楚地了解自己此刻的前进道路以及方向，这难道不是很明智的做法吗？如果真的这样去做，也许你会处在更有利的位置，能为自己规划一条更能反映自己真实内心的道路——灵魂之路、心灵之路，真正属于你自己的路。否则的话，你当下的这种无意识就会影响下一刻。然后，一天天、一月月、一年年就这样在不知不觉中被虚掷了、荒废了。

要在这种混沌愚妄的状态中活到终老，那实在轻松不过。或者，你也可以活在拨云见日的澄明中，从混沌中觉醒，意识到这些年来我们关于人生该如何度过以及什么才是重要的，而进行的全部思考充其量不过是由于恐惧或无知才产生的未经检验的一知半解而已，它们只是我们自身在有生之年的想法，它们根本就不是人生的真相，也并不是人生应有的样子。

别人不可能代替我们来唤醒我们的心灵，虽然我们的家人和朋友有时确实千方百计想要让我们觉醒，帮助我们看清事实或脱离蒙昧无知，然而觉醒这种事情终究只能靠自己。归根结底，无论你身在何处，这就是你的所在。正在展开的是你的人生而不是别人的。

虽然追随者希望释迦牟尼能点化他们，使他们能更容易地找到自己的前进方向，但一生致力于教人开悟的释迦牟尼，却在漫漫人生的最后时刻这样点化他的信徒："自光明。"

在我之前的《多舛的生命》[⊖]中，我力图使正念之路更能被美国主流社会所接受，尽量不让人将其误解为佛教或神秘主义。正念首先关注的是专注和自觉，而这于人类来说是共通的。但是在我们的社会中，我们往往将这种能力视为与生俱来或理所当然，我们往往并不认为我们需要系统地对之加以培养从而利用它们使我们更睿智，更了解自我。冥想是这样一种过程：我们可以借由它深化我们的专注力，深化自我意识，使它们变得更纯粹，并使它们在我们的人生中发挥更大的现实作用。

《多舛的生命》可以说是专为那些身心受创、不堪重负的人绘制的一幅心灵导航地图，这本书旨在鞭策读者专注于那些经常被我们忽略的事物，从而意识到也许确实有必要将正念融入我们的人生。

我并非说正念是什么放之四海而皆准的灵丹妙药，可以解决任何人生问题。我的本意也绝非如此。我并没听说有什么万灵仙丹，并且，坦白来讲，我也没有寻找这种仙药的打算。充盈的人生有多种可能，通往理解和智慧的道路又何止千万条。我们每个人的需求各不相同，值得我

⊖　英文名为 *Full Catastrophe Living*，其他译本将其译为《生存大突变》。——译者注

们终生去追寻的事物也千变万化。我们每个人都要自己去规划自己的道路，这张蓝图应适合我们的本我。

当然，冥想是需要你做好准备的。在人生中时机适宜的时候，在你愿意仔细倾听自己的声音、聆听自己的内心、专注于自己的呼吸的时候，进入到冥想中去吧——只管感受它们、体验它们，无须达到某种境界，也无须改变或改善什么。然而这并非易事。

因为无法忘怀在马萨诸塞州立大学医疗中心的减压诊所中，我们称之为病人的那些人，所以我开始写《多舛的生命》这本书。许多人报告说，在他们不再竭力想要解决那些使他们走进诊所的严重问题、全身心地投入到为期 8 周的正念强化训练中、开启心扉仔细聆听时，他们的身心发生了巨大转变。正是有感于这种巨变，所以有了《多舛的生命》这本书。

因为充当的是一幅心灵导航图，所以《多舛的生命》必须提供足够的细节，这样有这方面迫切需求的人才能够详细地规划自己的心灵之路，它不但要面向那些遭受各种重压的人，而且还必须满足那些身患严重疾病、长期遭受痛苦的人的迫切需求。出于这些原因，该书里面不但包含了进行冥想的各种方法，而且包含了很多压力和疾病、健康和治疗方面的信息。

这本书则不同。它旨在为读者提供与正念冥想的本质以及进行冥想有关的简明信息，面向的群体既可能是饱受压力、痛苦不堪、疾病缠身之人，也可能是平常普通之人。本书尤其是为那些不愿接受系统性正念训练的人以及那些不愿被人指手画脚但又对正念及相关内容非常好奇，因而想要自己去收集信息，进而对之有所了解的人而写的。

同时，本书针对的读者还有那些已经在练习冥想并希望能在人生中更深刻地实现清醒和顿悟的人。本书章节简短，关注的焦点放在正念的精神上，而正念的精神既体现在我们的认真练习中，也体现在我们努力将之扩展到日常生活方方面面的过程中。正念之美钻是个多面体，本书的每一章节都只是对其中一面的简单描绘。钻石各面微光流转，各个章节于是融会贯通。如钻石的各个切面一样，其中有些章节也许有相似之处，但又各不相同，独一无二。

这本对正念进行探索的书面向的是所有那些有志追求大澄明和大智慧的人。要想踏上这个探索之旅，你需要乐于深刻地审视当下，无论其中蕴含着什么；你需要一种宽厚豁达的精神，需要善待自己，需要以开放的心态面对一切可能。

本书的第一部分探讨的是从事或深化正念修习应遵循的基本原则和背景情况。该部分激励读者尝试用各种不同方法将正念引入自己的生活。第二部分探讨的是与正式的冥想修习相关的基本知识。正式的练习指的是在特定的时间段里，有意识地停下其他一切活动，用某些特定方法专注地进行正念和专注力的培养。第三部分探讨的是正念的各种运用及其前景。这三个部分中，有些章节结尾处附有清晰可行的建议，这些建议既针对正式的正念修习，也适用于非正式的正念修习，我将之标注为"试一试"。

Acknowledgements
致谢

我衷心地感谢迈拉·卡巴金（Myla Kabat-Zinn）、萨拉·多林（Sarah Doering）、拉里·卢森堡（Larry Rosenberg）、约翰·米勒（John Miller）、丹尼尔·里瓦依·阿尔瓦瑞斯（Danielle Levi Alvares）、兰迪·保尔森（Randy Paulsen）、马丁·迪斯金（Martin Diskin）、丹尼斯·汉弗莱（Dennis Humphrey）和费里斯·厄班诺斯基（Ferris Urbanowski），他们认真阅读我的初稿，提出了宝贵意见，并给了我极大的鼓励。在初期的紧张写作中，特鲁迪（Trudy）和巴里·西尔弗斯坦（Barry Silverstein）让我在他们位于落基山的牧马场安心工作，而在这段美妙时光里，贾森（Jason）和温迪·库克（Wendy Cook）带我游历西部。在此，我对他们表示深深的谢意。我还要向我的编辑鲍勃·米勒（Bob Miller）和玛丽·安·那不勒斯（Mary Ann Naples）致意，他们兢兢业业、精益求精，和他们一起工作是一件幸事。最后，我还得感谢以下诸位：作家代理人海佩林一家（Hyperion family）、装帧设计师帕特里夏·范达伦（Patricia Van der Leun）和多萝西·斯米德尔·贝克（Dorothy Schmiderer Baker）及艺术家贝思·梅纳德（Beth Maynard），他们为本书的诞生倾注了不少心血。

Contents
目录

第一章

此刻，繁花盛开

混沌则暗，觉醒则明。
　　——亨利·戴维·梭罗《瓦尔登湖》

Wherever You Go, There You Are

何谓正念

　　正念是佛教的一种古老修行方式，它对我们现今的生活具有重要意义。这种意义与佛教本身无关，与是否成为佛教徒无关，它与我们的觉醒、与我们能否和自身及世界和谐共处息息相关。它关乎我们的自我意识、世界观，关乎我们在这个世界中的自我定位，关乎我们对生命中每一刻充实性的认知。更重要的是，它关乎我们感官的敏锐。

　　通常情况下，我们的意识清醒状态是极为有限且令人处处受限的，它在许多方面更像是梦境的延伸而非清醒的状态。冥想修习帮助我们从这种习惯性的、无意识的昏睡状态中清醒过来，从而使我们能够充分体验生命中意识和无意识的极限。圣人、瑜伽修行者及禅师们已经系统地在这一领域钻研数千年，他们从中悟到的真知也许对我们西方文化大有裨益。我们的文化倾向于控制自然、征服自然，而不是尊重自然、认为自己是其中不可或缺的一分子。他们的共同体验昭示我们，如果仔细而系统地进行自我检视，内省我们作为人的天性以及我们的心智天性——后者尤为重要，我们也许能拥有更令人满意、更和谐、更睿智的人生。此外，他们的经验还向我们提供了另一种世界观，这种世界观与现行的控制着西方思想和各种制度的还原论和唯物主义世界观互为补充。但这种世界观既非东方特有也不神秘。梭罗早在 1846 年在美国的新英格兰地区[⊖]就已经看到了我们普通人精神状态中存在的类似问题，并且他还

　　⊖　New England，美国新英格兰地区，包括美国东北部的马萨诸塞州、康涅狄格州、佛蒙特州、新罕布什尔州、缅因州和罗得岛州等六个州，而梭罗出生于马萨诸塞州的康科德镇。这一地区有耶鲁大学和哈佛大学，后者是梭罗的母校。——译者注

以饱含激情的笔触描述了这个问题带来的不幸后果。

正念一直被认为是佛教禅修的核心。从根本上来说，正念是一个很简单的概念。它的力量存在于修习和运用中。正念意味着以一种特殊的方式集中注意力：有意识地、不予评判地专注于当下。这种专注使我们对当下的现实更自觉、更清明、更接纳。它使我们清醒地认识到一个事实：我们的生命只在一个又一个当下中展开。如果这些当下中有许多时候我们都没有全身心参与，那么很可能我们不仅会错失生命中最宝贵的东西，而且会意识不到自身成长和蜕变中的丰富性和深邃性。

同样地，若忽视当下，那么在深藏于心的恐惧和不安全感的驱使下，我们无意识下做出的举动和行为将会不可避免地给我们带来其他问题。如果对之置若罔闻，这些问题往往会逐渐累积，最终会使我们的感觉凝滞迟钝。天长日久，我们也许就会对自身能力失去信心，从而无法将精力放在能给我们带来更大满足和幸福甚或使我们更为健康的事情上。

正念提供了一个简单有效的途径，让我们脱离这种困境，使我们重拾智慧，重返生机。我们可以借助它掌控我们的人生方向，把控自己的生命质量，掌控我们与家人、与工作、与更大范围的世界及这个星球的关系，而且，最重要的是，掌控我们与自我的关系。

这条小径的入口存在于佛教、道教及瑜伽修行术的核心中，在爱默生、梭罗以及惠特曼等人的作品中也能找到，在美国土著人的智慧中也可以觅见其踪迹；它的关键在于欣赏当下，在于小心地、敏锐地持续关注当下，从而与之建立密切联系。它与视生命为理所当然的存在截然相反。

忽视当下而期冀未曾到来的时刻，这种痼习会直接导致我们对自己身处的生命之网缺乏自觉。这其中包括对我们自己的心灵缺乏自觉、不够理解，还包括意识不到心灵对我们的感知和行为产生的影响。它会严重限制我们对此的理解：作为人，到底意味着什么；人与人之间、人与周围的世界间彼此是怎样关联的。在精神层面，这些最基本的追问一直是宗教的探讨主题。不过，除了正念这个词的基本含义与宗教有所关联之外，二者在其他方面几乎毫不相关：正念在于力图让人欣赏生命深不可测的奥妙，力图向人揭示万物息息相通的本质。

只有我们真正以开放的方式来集中注意力，不受制于个人的喜恶，不为个人看法和偏见左右，摆脱个人的臆断和期望，这个时候，新的希望才会出现，我们才会有机会将自己从蒙昧的桎梏中解放出来。

我宁愿仅仅把正念当作清明生活的艺术。要想修习正念，你不必皈依佛教，也不必成为瑜伽修行者。事实上，如果你对佛教有所了解的话，你会明白，最重要的是做你自己，不要试图违背自己的本性。从根本上来讲，佛教关乎依从自己的真实天性，任由这种天性不受任何阻碍地散发出来。它关乎觉悟，关乎洞悉事物的本原。实际上，"佛"指的是任何已经觉醒、已经感悟到了自己的本性的人。

所以，正念不会与任何信仰或传统发生冲突，无论这种信仰或传统是宗教性的还是科学性的；它同样也不会将任何东西强加于你，尤其不会向你兜售新的信仰或意识形态。它仅仅是一种修习方式，通过系统的自我观察、自我探索以及有意识的行为使你更全面地把握自我。它不是冰冷无情、剥离剖析式的。正念修习的全部要旨在于温和、欣赏和滋养。因此，我们也可以将正念称作"心念"。

简单但是不容易

正念的修习也许十分简单，但未必容易。正念之所以需要我们刻苦修习，原因很简单：那些阻止我们觉醒的惯力，即不觉和机械性，是非常强大的。它们力道强大，而且完全不为我们所觉察，所以内在的信念和一定的辛劳于正念修习来说是必需的，这种信念和辛劳能使我们不断尝试，从而在觉悟和清明的状态下感受生命中的每一刻。同时，就其本质而言，这种修习又是一种令人满意的付出，因为它使我们感悟我们生活中的许多方面，许多常被我们习惯性地忽略和无视的方面。

再者，这种修习还能使我们开启心智、解放心灵。之所以说它开启心智，是因为它使得我们能够更透彻地看到生活中我们不曾感受到或不愿正视的事物，因此使我们渐渐地加深对这些事物的领悟。这其中也包括直面我们心灵最深处的情感，比如痛苦、悲伤、伤痕、愤怒和恐惧。这些情感往往是我们不允许自己清醒地去面对、自觉地去表达的。正念还可以帮助我们欣赏如快乐、平和以及幸福等这样的一闪而过、稍纵即逝的感觉。之所以说它解放心灵，则是因为它给我们带来新的体验自我、体验世界的方式，这能使我们从自己所陷的窠臼中解放出来。此外，它还能赋予我们力量，因为这种专注会引导我们发现我们心中蕴含的无穷的创造力、理解力、想象力，并使我们具备澄明、决断、审慎、智慧等品质。

我们往往没有意识到自己其实无时无刻不在思考。连续不断的思维之流流经我们的头脑，使我们几乎没空去体验内心的宁静。而我们自己也几乎总在忙忙碌碌、奔波不停，几乎没给自己留下任何空间，哪怕稍稍去体验一下活着的感觉。我们的所作所为常常是在这种像奔流不息的河流或瀑布一样的凡庸想法和冲动的驱使下，而不是在自觉清醒的状态下做出的。我们深陷在这洪流中，它席卷了我们的生活，将我们带向我们不想去的地方，甚至有时候我们没有意识到自己正前往何方。

　　冥想意味着学习如何从这洪流中脱身，坐在思想之河的岸边，聆听它的声音，从中学习，然后让它的力量指引而不是奴役我们。这种过程并不会奇迹般地自发产生。它需要能量，它需要我们付出努力，使自己有能力在此刻沉静下来。我们将这种努力称为"修习"或"冥想练习"。

　　问：我如何才能解开完全沉潜在意识之下的困惑？

　　尼萨伽达塔⊖：与自己相处……满怀兴趣地在日常生活中观察自己，意在理解而不是评判，完全接受浮现出的一切，因为这些都是客观存在的；通过以上做法鼓励深藏于内心的东西浮现出来，并利用它们带来的能量丰富你的人生，丰富你的意识。这是一种伟大的觉醒活动，它了悟了生命和心灵的本质，并以此消除障碍，释放能量。智慧带我们走向自由，敏锐的专注力则是智慧之母。

　　　　　　　　　　　——尼萨伽达塔·马哈拉吉《与物同在》

　　⊖　Nisargadatta Maharaj，尼萨伽达塔·马哈拉吉，印度大圣者，宗教精神领袖，生于1897 年，卒于 1981 年，其著作《与物同在》(*I Am That*)，或者有的将其翻译为《我就是那》，被誉为现代圣经，自出版以来长盛不衰。——译注者

停一停

人们认为冥想是一种特殊的活动，但其实并非如此。就其本质而言，冥想其实很简单。我们有时候这样开玩笑："什么都别干，就坐在那儿。"但是冥想也不仅仅是坐在那里那么简单。它要我们停一停，感受当下，如此而已。很多时候我们四处奔波、到处忙碌。在生命的旅途中，我们能否稍稍驻足，停顿片刻？会在此刻驻足吗？如果真的做了，又会怎样？

要想停下手中所做的一切，其中一个良策是暂时切换为"存在"模式。将自己想象为超脱于时光之外的旁观者。观察当下，不作任何干预。会发生什么？你感受如何？你看到了什么？又听到了什么？

关于停顿，有意思的是你一旦停下来，便身处此处当下。一切简单起来。某种意义上而言，仿佛是你死了，而世界仍在继续。如果你真的不在这个世界上了，那么你为人的所有责任和义务都会立刻变成氤氲的蒸汽，没有了你，这蒸汽就会渐渐消散。你的各种事项独为你所有，无人可代担。所以它们会随着你的消亡而消亡。对其他任何人来说，情况也是如此。所以你根本不必为此担忧。

倘真如此，那么也许此刻你就不必再立刻去拨某个电话了，即便你认为自己真的有必要拨。同样地，也许你就不必再读点什么东西，或再多办一件事了。在仍然活着的时候，在匆匆流逝的时光中，抽出一点来"故意死亡"，那么你会还自己一份自由，有时间品味和感受当下。这种在此刻"死亡"的做法，会使你更加精神焕发。驻足停顿的意义正在这里，它其中不含丝毫消极。而当你决定继续前进的时候，这种前进已经跟往昔大不相同，因为你已停歇过了。所以，这种停顿实际上会使你的前进更充满活力、更内涵丰富、更方向清晰。它有助于我们坦然面对我们担忧、感到信心不足的一切。停顿给我们以指引。

试一试

在一天中，不时抽时间停下来，坐下，感受自己的呼吸。你可以抽 5 分钟，或甚至几秒。摒弃一切，充分拥抱当下，包括你的感受和认知。不要试图改变什么，只需呼吸，无拘无束；呼吸，顺其自然；放下那种想让此刻有所不同的念头；在心里，在脑中，任由这一刻保持它的本原状态，任由自己保持本原状态。然后，一切就绪时，沿着自己的内心指引的方向，清醒而坚定地，前进。

当下即是

美国《纽约客》杂志上登过这样一幅漫画：两个剃度僧人，一老一少，身披袈裟，肩并肩盘腿坐于地上。少者正面带困惑望着老者，老者则正转头对少者训诫："下刻虚空。此刻即是。"

此言不假。通常，我们在做某事时总期待行之有果，这很自然。我们期待看到结果，即便所谓的结果充其量仅能带给我们愉悦的感觉。在我看来，只有冥想是个例外。在所有有目的而系统化的人类活动中，只有冥想从本质上而言不是要提升自己，也不是为了带来任何结果，而仅仅是为了意识到你当下的所在。也许冥想的价值正在于此吧。也许在人生中，我们总有时候需要不求任何结果、只为了做而做某件事情。

但是，将冥想看作一种行为也是不太准确的。更确切来讲，它是一种"存在"。当我们理解了"当下即是"的含义后，我们就能放下过去和未来，感悟当下。

人们通常并不能理解这一点。他们想进行冥想仅仅是为了放松，为了体验一种特殊的心境，为了成为一个更好的人，为了减轻一些压力或痛苦，为了打破陋习和陈规，为了获得心灵自由或者获得某种顿悟。这些都是开始冥想修习的充分理由，但是如果仅仅因为你进行了冥想，所以你就觉得理应得到这样的结果，那么各种问题会接踵而至。你会非常渴望获得"一种特殊体验"，或者竭力想看出自己是否有所进步，而如果你没有立刻获得某种特殊体验，你也许就会开始怀疑自己的选择，或者怀疑自己的做法究竟"对不对"。

在许多学习领域，这无可厚非。毫无疑问，你需要时时看到自己的进步才能坚持下去。但是冥想不同。从冥想的角度来看，每一种心境都是特别的，每一个时刻都是特殊的。

当我们不再一心希望当下会发生点什么时，我们就等于迈出了一大步，能够面对当下了。要想取得进步或发展自我，我们只能从脚下开始。所谓千里之行，始于足下。如果我们并不清楚自己所处何处——只有在正念的培养中我们才会对此有所意识——我们也许只会原地踏步，即使我们满怀期望、全力以赴。因此，在冥想修习中，取得进步的最佳方式是放下一切想要取得进步的欲望。

若无闲事挂心头，便是人生好时节。

——无门慧开[⊖]

试一试

时时提醒自己：当下即是。看看这句话是否放之四海而皆准。提醒自己，接纳此刻并不意味着对当前发生的一切妥协。仅仅意味着一种清醒的认知：一切正发生之事正在发生。接纳并不会告诉你该做些什么。后续之事以及你所选择的事，都源于你对当下的认知。你也许会尝试将自己对"当下即是"的深刻洞悉用行动表现出来。它是否会影响到你对前进或回应方式的选择？你是否会默想，当下也许真的就是自己一生中最美好的时刻？如果真的有这种感想，这种感想对你来说意味着什么？

⊖ 英文为 wu men，即中国无门慧开禅师，生于公元 1183 年，卒于公元 1260 年，是宋代著名高僧，字无门，浙江杭州人。这两句诗是他一首诗谒的后两句，全诗为"春有百花秋有月，夏有凉风冬有雪。若无闲事挂心头，便是人生好时节。"——译者注

掌握刹那

掌握刹那的最佳方式是专注，这是修持正念的要诀所在。正念意味着清醒，意味着知道自己在做什么。但是，当我们开始专注于自己脑中所思的事情时，我们往往又会立刻陷入无意识的状态，陷入不觉不悟的混沌状态。这种意识中断常常是由于我们对那一刻的所见所闻感到不满而导致的。这种不满使我们希望事情会有所不同，希望情况有所改变。

你很轻易就可以观察到自己的大脑经常从当下逃离。只需试着使自己的注意力集中在任何一个物件上，哪怕只短短一会儿。你会发现，要想培养正念，你需要一遍又一遍地提醒自己，要清醒，要清醒。为此，我们要提醒自己去观察、感受、存在，并以此培养正念。就是如此简单……在某些时刻，超越时光，保持觉悟，关注此刻、当下。

试一试

在此刻，问自己："此刻，我是否清醒？""此刻，我在想什么？"

留意自己的呼吸

这种做法能帮助你集中注意力，它好比一根锚索，使你专注于当下，在你思绪游离时将你拉回到当下此刻。呼吸法在这些方面实在是堪当重任。它会是一个重要助手，使我们意识到自己的呼吸，由此我们知道自己身处当下，也因此，我们会对当下发生的一切全然了悟。

我们的呼吸可以帮助我们感悟每个时刻。令人称奇的是许多人竟然对此茫然不觉。毕竟，呼吸始终都在，就在我们的鼻子下。你也许会认为我们只会偶尔在不经意间才能体会到它的妙用。我们甚至有这样的老话，"我连喘气的空儿都没有"（或曰"喘口气"）。其实这些言语暗示我们，时刻和呼吸之间也许存在着某种耐人寻味的关联。

要想在呼吸中培养正念，请全身心地感受它，感受呼入的气体进入你的身体，以及呼出的气体离开你的身体。仅此而已。只需感受呼吸。呼吸，并且清醒地知道自己在呼吸。这并不意味着要深呼吸或强迫自己去呼吸，亦不是努力去体验什么特殊的感觉，更不是去考虑自己的呼吸方式是否正确。不是思索自己的呼吸。仅仅是意识到气息的流入和流出而已。

这种呼吸练习，一次无须太久。利用呼吸，使我们的思绪回到当下此刻，这是瞬间就可以完成的事情，只需注意力集中，方向稍作转变即可。但是，如果你能给自己多一点时间，将一个个的清醒时刻连点成线，连线成面，那就妙不可言了。

试一试

　　吸气，深深地吸入，呼气，缓缓地呼出；在这一刻，在这一吸一呼中，腾空大脑，放飞心灵。摒除一切欲望和杂念。思绪开始游离时，记得再回到呼吸上来；通过一次又一次的呼吸，将每一个觉悟的时刻连接起来。在阅读本书的过程中，你不妨时时尝试一下。

　　卡比尔[⊖]：弟子，告诉我，什么是神？

　　　　　　他是呼吸中的呼吸。

　　⊖　Kabir，卡比尔，也有译为迦比尔，于1398年出生在印度东北部贝拿勒斯地区，卒于1518年。他是伟大的古代印度诗人，是印度最有名的圣者之一。卡比尔的追随者很多，甚至形成了庞大的教派，被称为卡比尔教派，该派也被称作圣道或圣人之路教派。——译者注

修习，修习，再修习

不断修习有助于坚持。一旦开始如对待朋友般对待自己的呼吸，你就会立刻发现，蒙昧无处不在。你的呼吸教会你，蒙昧不仅会画地为牢，它本身就是牢狱。它的作用方式是一遍遍地告诉你，就算你真的想专注于自己的呼吸，要做到也并不容易。世事纷扰，我们会神思游离，难以专注。我们发现，我们的心神在流年中愈加纷乱，就像一方阁楼，里面杂物充斥，废物累积。不过，仅仅对此有所了悟就是向正确方向前进了一大步。

练习，不是彩排

我们用"练习"这个词来描述正念的培养，但是此处的练习与通常意义下那种为求精益求精以便使表演或比赛尽可能地取得成功而进行的反复排练不同。

正念练习指的是全身心地投入到此刻当下。这里没有表演，只有此刻。我们不是为了完善提高，也不是为了取得什么成就。我们甚至也不是为了产生什么奇思妙想。我们更不会强迫自己努力做到不妄加评判、平静或放松，当然也不是为了发展自我意识或沉迷于自恋。相反，我们只是想邀约自己，全身心地与当下完全交融，竭尽所能，有意识地在此处此刻实现平和、觉知及宁静。

当然，在持之以恒的修习以及朝正确方向坚定而缓慢的努力中，平和、觉知和宁静会渐渐实现自我发展、自我深化，你会全身心沉浸在一片宁静中，你会只静静观察，不回应、不评判。认知、洞见以及对宁静和快乐的深刻体验都会随之而来。但是，如果说我们修习的目的就是实现这些，或者说这些体验对我们来说是多多益善，那就大错特错了。

正念的实质在于为了修习而修习以及拥抱到来的每一刻，无论到来的这一刻是快乐还是悲伤、好还是坏、尚可还是不堪。然后，感受它，因为它就是当下。带着这种态度，生活本身就成了一场修行。然后，与其说我们从事修行，倒不如说修行成就了我们，或者可以说，生活成了我们的冥想导师，成了我们的引路人。

不必刻意去练习

亨利·戴维·梭罗在瓦尔登湖所待的两年就是在正念方面进行的个人实验。他选择把个人生活置之度外是为了纵情于当下的奇妙和简单中。但是，要修习正念，你不必像他那样刻意去练习或者找个专门的地方。在生活中抽出一点时间来安静下来，什么也不做，然后感受自己的呼吸，这就够了。

瓦尔登湖里能感受到的一切存在于你的呼吸中。四季轮回的奇迹存在于你的呼吸中。你的父母和孩子存在于你的呼吸中。你的身体、你的心灵同样存在于你的呼吸中。呼吸就像水流，它将我们的身体和心灵连接起来，将我们和我们的父母孩子连接起来，将我们的身体同外在世界连接起来。它是生命之流。这流水中除了"金鱼"之外别无他物。我们需要借助正念的镜头才能清楚地看到它们。

时光不过是我垂钓的溪流。我饮水于斯；当我饮水时，我看到铺满鹅卵石的河床，于是觉察到它是多么浅啊。潺潺流水缓缓而逝，但是永恒永存。我愿痛饮；我愿在夜空之河垂钓，其间繁星遍布，如卵石铺满河底。

——梭罗《瓦尔登湖》

确实，在永恒中存在着真实和崇高。但所有的时光、地点、场合其实都是此时此地。

——梭罗《瓦尔登湖》

觉醒

　　每天抽点时间进行正式修习，这并不意味着你就不能再思考了，也不意味着你就不可以奔忙或做事了。它意味着你很可能更明白自己在做什么，因为你曾驻足停顿过、观察过、倾听过、了解过。

　　在《瓦尔登湖》一书中，梭罗对此提出了深刻的认识。在书的结尾处，他如此写道："蒙昧则暗，觉醒则明。"如果我们想在有生之年抓住生活的本质，我们就需要在每时每刻保持觉醒状态。否则的话，一日一日，甚至整个人生，都会在不经意间溜走。

　　要做到这一点，切实可行的办法是观察他人，问自己看到的究竟是他们本人还是你自己在脑海中对他们的设想。有时候我们的思想就像是一副梦幻眼镜。在戴着这幅眼镜的时候，我们看到的是想象中的孩子、想象中的丈夫、想象中的妻子、想象中的工作、想象中的同事、想象中的伙伴及想象中的朋友。我们有时会生活在想象中的现在，幻想着想象中的未来。无知无觉中，我们戴着有色眼镜看待一切，将个人感知笼罩在这一切之上。虽然想象中的一切也都会变化，会使我们看到的幻象显得更生动真实，但它仍旧不过是个令我们沉迷在其中的梦幻而已。但如果我们能摘掉这副眼镜，那么，也许，只是也许，我们会更真切地看到现实。

　　梭罗认为，要做到这一点，我们需要远离尘嚣，去某个避世之所隐居一段时间（他就在瓦尔登湖畔待了两年零两个月）。"我幽居森林中，是因为我想活得更清醒些，直面生活的本质，从而看看自己能否学会生活必须传授的东西，从而不至于在即将离世之时才发现自己虚度了此生。"

他深信："对岁月的质量施加一定影响，这才是一切艺术的最高境界……我还从未遇到过特别清醒的人。若是遇到他，我一定要深刻了解他。"

 试一试

时时问自己，"我此刻清醒吗？"

我的内心啊，听我说，最伟大的灵魂，

我们的导师，就在不远处，

醒来，醒来！

匍匐到他脚下——

现在，他就站立在你的头脑附近。

你已沉睡千年，

何不在今晨醒来？

——卡比尔

使之简单

假如真的决定要开始练习冥想，你不必跑去告知他人，也不必谈论你进行冥想的理由或它会给你带来何种益处。事实上，这样做只会消耗你刚刚萌生的干劲和热情，并且使你的计划受挫，从而使你失去前进动力。所以，练习就好，不用到处张扬。

每当你有强烈冲动，想要谈论冥想及其妙处或难度、益处或无益，抑或试图说服他人相信冥想对他们的益处时，请将冥想看作更多的思考吧，请多进行些冥想修习。这种冲动早晚会消逝，这对每个人都会更为有益——尤其对你。

你无法遏制波涛，
但你可以学会冲浪

　　人们通常认为，冥想是屏蔽外界压力或内心压力的一种手段，但是这种看法并不准确。冥想既无法消除也无法屏蔽问题，而是更清楚地看待问题，以及有意识地从不同的视角看待我们与这些问题之间的关系。

　　那些来我们诊所就诊的人很快就认识到，压力是生活中不可避免的一部分。没错，我们的确可以做出聪明的选择，从而在某种程度上学会不要把事情弄得更糟，但是人生中总有些事情是我们无法控制的。压力是生活的一部分，是为人必须要面对的一部分，是人类处境中固有的一部分。但是这并不意味着在面临生活中的强力的时候，我们就一定束手无策。我们可以学会与压力共处，了解压力，找到压力中蕴含的意义，做出重要的抉择，从压力中获取能量，从而在压力中变得更强大、更睿智、更慈悲。冥想修习的核心在于乐意拥抱压力，乐于与压力共处。

　　要设想正念的作用方式，其中一种方法是将自己的内心看作湖面或者洋面。水面上总有波纹。有时候是惊涛骇浪，有时候则涟漪轻起，还有的时候细微到令人难以察觉。水波因风而起，而风时有时无，时强时弱，方向也不确定，正如我们生活中的压力之"风"：它影响我们的生活，在我们心中激起浪花朵朵。

　　不懂冥想的人认为它是某种特别的内心控制法，以为它可以魔法般地遏制这些波浪，从而实现内心的平和、安宁。但正如你无法放个玻璃板让水面上的波浪平静下来一样，我们的内心之波也是不可压制的。并且这种尝试本身就是很不明智的。它只会使我们的内心更紧张不安，只会给我们带来更多的挣扎，而不会使我们实现心境的平和。然而，这并不是说平和是无法实现的，而是说无法通过压制实现；而且，这种压制内心中的自然活动的做法是错误的。

我们可以通过冥想设法为我们的心灵找一个避风港，使之免受"吹拂"。假以时日，我们内心中的许多骚乱可能就会由于缺乏持续的给养而渐渐平息。但无论如何，我们人生和心灵中的风波总不可避免，既如此，就只管尽力而为吧。冥想的本质就在于明了这一点，并与之和谐共处。

有一张海报恰如其分地诠释了正念修习的精髓：夏威夷海滩，70 来岁的瑜伽大师圣沙特奇阿南达⊖站在一块冲浪板上，白须飘飘，长袍飞扬，乘风破浪。海报上写着："你无法遏制波浪，但你可以学会冲浪。"

⊖　Swami Satchitananda，圣沙特奇阿南达，也有译为沙陀大师等。他是把唱颂和瑜伽引入在美国纽约伍德斯托克镇举办的伍德斯托克音乐节的人。此外，他是圣斯文南达的出色门徒。后者是近几十年来最著名的瑜伽大师之一，是斯文南达瑜伽的创始人。其中 Swami 在印度意为圣人，偶像。——译者注

任何人都可以修习冥想吗

很多人问我这个问题。我猜，人们之所以问这个问题是因为他们以为也许很多人都能但他们自己不能。他们希望从别人那里得到佐证：也有别的人跟他们一样；除了他们之外还有别的人，这些人天生不幸，不具备进行冥想的能力。但事情不能这么简而化之。

认为自己不具备修习冥想的能力，就有点像认为自己没有呼吸能力或没有专注或放松能力一样。但很明显，几乎每个人都能轻松呼吸。而且，条件具备的话，几乎每个人都能全神贯注、都能放松。

人们常常将冥想跟放松或其他务必达到或感受到的特殊心境混为一谈。所以，经过一次两次的尝试，如果没有达到某种境界或者没有产生任何特殊的感受，他们就会认为自己是那种天生不具备冥想能力的人。

但是，冥想并不是某种特定的感受。它指的是体验你的感受方式。它不是说要实现心灵的空灵或平静，虽然在冥想中我们确实能越来越平静，而且这种平静确实是可以通过系统化培育得来的。冥想首先是让内心顺其自然，了解我们的内心此时此刻处于什么状态。它并不是说我们一定要达到某种境界，而是说停留在自己目前所处的状态。如果你不能理解这一点，你难免会认为自己生来就不能冥想；但是这样想就真的想多了，而且还想错了。

没错，冥想修习确实需要我们付出精力，需要我们全身心投入进去。既如此，与其说是"我不能"，倒不如说是"我无法坚持修习"，后者更能反映事实。任何人都可以坐下来，留意自己的呼吸，或者观察自己的内心。你甚至根本不需要坐下来。在走路、站立、躺卧、单腿独立、跑步或洗澡的时候你都可以进行冥想修习。但是要坚持修习 5 分钟就需要有意为之了。而要使之成为你生活中的一部分，这就需要一定的自制力。所以，当人们说他们无法修习冥想时，其实他们的意思是他们无法为此抽出时间，或者说他们不喜欢冥想带来的一切。冥想带来的不是他们正在希冀或寻觅的；它没能满足他们的预期。所以也许他们应该再试一试，把各种期望抛在脑后，只密切观察。

无为之誉

　　如果你坐下来冥想，哪怕只修习一会儿，都将是一次无为体验。不要以为这种无为等同于无所事事。这两者其实有天壤之别。在无为中，自觉和意念非常重要——实际上，它们是其中的关键所在。

　　表面上来看，好像存在两种无为，一种是什么都不做，另一种是我们所称的轻松而为。从根本上来看，我们会渐渐明白它们其实是一样的。此处内心体验至关重要。我们通常所说的正式的冥想修习其实是有意抽出时间，停下一切事务，培养宁静的心境，心无旁骛，一心一意地感悟此刻。不做任何事。什么都不做。也许这样的无为时刻才是我们能赐予自己的最好礼物。

　　梭罗常常在自己的门前一坐数小时，他什么也不做，只是观察、聆听，太阳在天空慢慢变换位置，光和影也在不知不觉中变换：

　　有时候，我可不愿牺牲当下的如花时光去劳作，无论是体力还是脑力劳作。我喜欢在人生中留出优裕时间。有时候，在夏日的清晨，像往常一样洗澡沐浴之后，我坐在自家门前，阳光灿烂，我从旭日东升直坐到太阳当顶，在一片松树和山核桃树及漆树中，在远离尘嚣的孤寂和宁静中，沉思冥想。有时鸟儿在周围婉转鸣唱，有时它们从房前轻快掠过；直到日落西窗，或者旅行者的车轴声从远方传来，我才感觉到时光的流逝。我在这冥想时光中成长，就像玉米在夜间拔节，此中快意远胜过双手劳作带来的任何成就。我的生命时光并没白白浪费，我反而从中得到了提高和升华。我意识到了东方哲人所说的沉思和抛却劳作究竟意义何在。很大程度上，我关注的不是时光的流逝；时光流逝好像只是为让我意识到自己的成果。刚才还是清晨，看哪，现在已是黄昏，一日之中几无可念之事。鸟儿鸣唱，我不像它，我只默坐悦思自己的连连好运。麻雀啾啾啭鸣，停在我门前的山核桃树上；我也莞尔一笑或者轻声哼唱，它也许能听到我的心间妙音吧。

——梭罗《瓦尔登湖》

试一试

如果你有进行冥想修习的话，可以在日常修习中体悟此刻如花一样的美好。如果你清晨早起，试试到外面走走，看看星星，看看月亮，看看微露的晨曦，久久地、有心地、专注地看。感受空气，感受清冷，感受温暖，久久地、有心地、专注地感受。意识到，你周围的那个世界正在安睡；记住，在看那些星星时，你正穿过千万年的岁月回望。过去就在此时此刻。

然后，找个地方坐下或者躺下，冥想。在练习的时候，放下手头的一切，切换入存在模式，只沉入到宁静与正念中，感悟在此刻一刻一刻地展开的时刻，确定"此刻即是"，不增，不减。

无为之悖论

　　美国人很难理解无为中的韵味和纯粹的快乐，因为我们的文化非常看重入世和进步。即便在闲暇时刻，我们常常也是匆匆忙忙、心浮气躁。无为之乐指的是此时此刻无须达成任何事。其中的智慧以及由此而来的平和在于，我们知道一定会发生其他某些事情。

　　对那些刻意进取的功利主义者来说，梭罗所言"刚才还是清晨；看哪，现在已是黄昏，一日之中几无可念之事"，犹如在公牛面前挥舞的一面红色旗子。但是谁敢说他在自家门前闲坐半晌获得的感悟就一定不如一生忙碌、几乎没有时间体会当下的宁静和美好更值得纪念、更有价值呢？

　　梭罗一直在唱一首心歌，然而无论过去还是现在，聆听者寥寥。时至今日，除了指出存在中的纯粹快乐之外，他还在不断地为那些乐意倾听的人阐释沉思和无欲无求的重要性，他说此中快意远胜"手头劳作带来的任何成就"。这种观点使我想起了那位老禅师的名言："呵呵，江边卖水四十年，虽无功业心悠然。"

　　这里面充满悖论。有所成就的唯一途径是在无为中顺势而为，而不去想这种顺势而为有效与否。否则，你会在不知不觉中思虑过度、贪求太多，从而扭曲了你与所为之事之间的关系，或者扭曲了所为之事，结果它就在一定程度上变了质，目的不纯，充满偏见，而终不能完全令人满意，虽然事情本身无可指摘。优秀的科学家们了解这种心态，他们警惕这种心态，因为它会阻碍创造过程，销蚀人的能力，使人不能清晰地看到事物之间存在的关联。

行动中的无为

　　无为不但可以从静中来，也可以从动中来。为者内心中的静与外在的行为浑然一体，衔接流畅，一气呵成。心到手到，轻松随意，无欲无求，顺其自然，然而一切最终却水到渠成。无为而为是任何所为中的最高境界。以下是公元 3 世纪时中国人对无为的经典描述。

　　庖丁为文惠君解牛，手之所触，肩之所倚，足之所履，膝之所踦，砉然响然，奏刀騞然，莫不中音，合于桑林之舞，乃中经首之会。文惠君曰："嘻，善哉！技盖至此乎？"庖丁释刀对曰："臣之所好者道也，进乎技矣。始臣之解牛之时，所见无非全牛者。三年之后，未尝见全牛也。方今之时，臣以神遇而不以目视，官知止而神欲行。依乎天理，批大郤，道大窾，因其固然，技经肯綮之未尝微碍，而况大軱乎！良庖岁更刀，割也；族庖月更刀，折也。今臣之刀十九年矣，所解数千牛矣，而刀刃若新发于硎。彼节者有间，而刀刃者无厚；以无厚入有间，恢恢乎其于游刃必有余地矣，是以十九年而刀刃若新发于硎。虽然，每至于族，吾见其难为，怵然为戒，视为止，行为迟。动刀甚微，謋然已解，牛不知其死也，如土委地。提刀而立，为之四顾，为之踌躇满志，善刀而藏之。"文惠君曰："善哉，吾闻庖丁之言，得养生焉。"

——庄子《庖丁解牛》

无为之为

无为不是懒惰，不是消极，甚至可以说是与这二者截然相反。无论在静还是动中培养无为，都需要付出勇气和精力。而且，无论是专门抽出时间进行无为练习，还是面对生活中许多要做之事而坚持无为，都并非易事。

但那些总感觉自己有许多事要做的人不必在面对无为时感到如临大敌。他们说不定会发现经过无为修习，他们能做更多事，能做得更好。无为仅仅意味着让一切顺其自然，使一切按其本来的方式发展。要达到无为的境界，我们确实需要付出很多努力，但这是一种优雅、通达、挥洒自如的努力，是需要用一生时间来培养的"无为之为"。

我们会在极高水平的舞蹈和运动中看到这种在做事方面的挥洒自如。它往往令我们惊叹不已。但实际上，在人类活动的每个方面，从绘画到汽车修理到养育孩子，这份自如都是可以实现的。在某些时候，多年的练习和经验完美结合，使我们可以上升到这种高度：将表演以无与伦比的技巧呈现出来，各个动作熟练自如，不假思索。动作于是纯粹成了艺术、生命以及无为的一种表达形式，身心在各个动作中合二为一。在观看超凡的表演时，无论是体育还是艺术演出，我们都会激动不已，因为它们使我们领略了高超技艺的魅力，让我们振奋，哪怕只是瞬间。它让我们也产生这种希望：我们每个人，在我们生命的某些瞬间，也可以实现这样的优美和和谐。

梭罗说："能对时光特性产生影响的，唯有最高境界的艺术。"玛莎·格雷厄姆在谈及舞蹈艺术时，如此说道："唯一重要的就是蕴含在动作中的当下。使这一刻活起来、有意义。不要使它在不知不觉中白白流走。"

她总结得非常精辟，不逊色于任何冥想大师。我们可以潜心修习，我们很清楚，无为才是我们一生要为之奋斗的事业；我们要时刻意识到，我们心中的务实念头常常如此强烈，所以无为的培养往往需要我们付出相当的努力。

冥想就是练习无为。我们的修习不是为了使事物完美或使做事方式实现完美。相反，我们练习是为了理解并认识到（使我们自己真切地接受）这个事实：事物本身已经足够完美，它们目前的样子已经十分完美。只有这样，我们才能充分接纳当下，不将任何东西强加在当下，认识到当下的纯粹性，认识到当下中的勃勃生机——因为它可能孕育着下一刻。然后，因为了解事物本质，对一切洞若观火，认识到我们的无知实际上超过所知，所以我们才能行动、进取、停顿、把握机遇。有些人用流水来形容这一切：在正念的河床上，一个时刻无声无息、自然而然地融入下一时刻。

❀ 试一试

在一天中的某个时候，看看自己能否在每时每刻发现当下的美好，无论这每时每刻是普通平常还是艰难困顿，抑或介于两者之间。努力让更多的事物在你生命中展开，不强求，也不拒绝那些违逆你心意、你认为不应出现的事物；看看你能否感受到庖丁解牛的精髓，以"无厚入有间"实现游刃有余。看看如果每天清晨抽点时间什么都不做只静心感受的话会给你这一天带来怎样的变化。先明了自己的人生中什么才是首要的，然后看看这一天中自己的精神是否有质的飞跃，看看自己是否更能感受、欣赏每一刻如花般的美好，是否更能对这种美好做出回应。

耐心

　　某些态度或心理品质有助于我们冥想。它们提供肥沃的土壤；只有在这种土壤里，正念之种子才能茁壮成长。有意识地培养这些品质，其实就是耕耘我们的心灵之田，同时确保在这片沃土上，澄明、慈悲、善行之花处处开放。

　　然而，这些有助于我们修习正念的内在品质是无法通过强行施加、制定法律或一纸法令获得的。我们只能培养它们，而且，只有当我们的内在动力足够强大、不想再给自己甚或他人带来苦难和迷惘时，我们才能培养出这些品质。这类似于遵循道德行事——而这一概念经常被恶意曲解。

　　在收音机里，我听到有人把道德定义为"服从于非强制力"。此言不虚。你遵从道德准则是出于一些内在原因，而不是因为有人在给你计分，也不是因为如果违反准则被发现的话会受到惩罚。你遵循的是自己的准则，聆听的是自己内心的声音，正如想要培养正念，我们需要耕耘自己的心田。但同时如果不遵循道德行事的话，你就无法实现心行合一。道德恰如一道篱笆，它把会吃掉园中幼苗的"山羊"挡在我们的心园之外。

　　我认为，耐心就是这些基本道德态度中的一种。在培养耐心的过程中你势必会培养正念，你的冥想修习也会日趋丰富、完善。要知道，如果你当下真的无欲无求，耐心自会到来。记住，万物自有其时，四季皆有规律。正所谓春来草自长。拔苗助长于事无补，而且会使人痛苦不

31

堪——有时承受这种痛苦的人是我们自己，有时则是我们身边的人。

任何时候，耐心都可以取代内心中普遍存在的不安和不耐烦。拨开表层的不耐烦，你会发现底层若隐若现的是怒。怒是一种强大的能量，这种能量不希望事物顺其自然，并会为此怪罪某人（常常是你自己）或某物。此处并不是说应该当急时不急，而是说，即便急，也可以是耐心的、有意识的、顺应个人意志而迅速行动的。

从耐心的角度来看，万事皆相互牵连、有因有果。没有任何事物是孤立存在的。绝对的、终极的、到此为止的根源是不存在的。如果有人拿棍子捅你，你不会对这根棍子或者挥动这根棍子的胳膊生气，你只会对那个与这条胳膊相连的人愤怒。但是如果再探究得深远一些，你会发现，甚至在那人身上你也无法为自己的怒火找到令人满意的根源。那人根本不知道自己在做什么，在那一刻他是精神恍惚的。那么应该怪谁？又该惩罚谁呢？也许我们该迁怒于那人的父母，因为也许他们曾在他还是个孤弱无助的孩童时对他施虐。又或者也许我们该迁怒于这个世界，因为它缺乏慈悲。可是何谓世界？难道你不是这世界的一分子？难道你不曾有过生气的冲动？难道在某些时候你不曾有过暴力的甚至残忍的念头？

内心的平静在于知道什么是最重要的，外在的平静则体现在行为举止的智慧中。尘世纷扰，苦海无涯，在面对这一切时，只有心怀慈悲才能实现这种平静，才能乐于保持耐心。这种慈悲不仅限于对待朋友，而且也要给予那些给你及你所爱之人带来痛苦的人——他们往往出于无知，常被人视为邪恶。

这种无私的慈悲源于佛家所说的大彻及大悟。它不会自发产生，它们需要我们的修行和培育。它并非指无怒，而是指学会利用这种怒，与之共处，并驾驭之，这样才能利用它的能量滋养我们自身甚或他人心中的耐心、慈悲、和谐及智慧。

在冥想禅修中，每次停下、坐下、静心感受自己的气息流动时，我们都在培养耐心这种品质。这使我们自己更能接纳、更能接近当下，同时会在当下更有耐心，然后这种耐心能自然而然地延伸到我们生命中的其他时刻。我们知道，万物因循自身天性而动，所以我们要记住，我们的生命也应如此。我们不可任由自己的焦虑和某种欲念改变当下的特性，即便此时内心非常痛苦。当进则进，当退则退。但我们也得知道何时不该进，何时不该退。

就这样，我们努力维护当下的平衡。我们懂得，耐心中蕴藏着智慧；我们知道，我们此刻的状态很大程度上决定了我们下一刻的心境。当我们在冥想修习中浮躁不安或者在生活中感到沮丧、烦躁、生气时，将此牢记在心会令我们受益良多。

孰能浊以静之徐清；孰能安以动之徐生。

——《老子·道德经》

我就照自己本原的样子存在，这就够了；

即使世上再没有别人能意识到这一点，我仍满足地坐着；

即使世上所有人都意识到了这一点，我仍满足地坐着。

有一个世界是意识到了的，那便是我自己；对我来说，那就是最大的世界。

无论是今天就拥有澄明的心境，还是一万年或千万年以后才能拥有，我可以在今天愉快地接受它，也可以同样愉快地等待它的到来。

——沃尔特·惠特曼《草叶集》

❀ 试一试

当心中的不耐烦和怒一点点升腾起来时，请仔细审视它们。看看自己能否以一种不同的视角来看待它们，这种视角就是，认为万事万物皆因循自己的天时而动。在谋求自己想做或需要做的事情但又深感压力或倍感受阻时，这种做法尤其有用。虽然也许看起来很有难度，但是在那一刻，你可以试试不要逆势而进，而是仔细聆听。这各种势，它们告诉你了什么？它们正在跟你说什么？它们要你怎样做？如果细听无音，那就呼吸吧，让一切顺其自然，无欲无为，保持耐心，继续倾听。如果它们有对你说些什么，那就照做，清醒地做。然后，停下来，耐心等，再倾听。

在正式进行冥想修习时，在你关注自己的呼吸气息匀和流动时，请留意自己的心神对其他事物的偶尔转移，注意心中时时想要旁顾他事或改变现状的欲念。在这些时候，设法耐心静坐，专注于自己的呼吸，敏锐地捕捉每时每刻展开的一切，容许它随性舒展，不强加任何事物于其上……观察，呼吸……保持宁静，充满耐心。

顺其自然

如果要评选新世纪使用频率最高之词，非"顺其自然"莫属。在日常生活中，这个词随处可见，泛滥成灾。然而它的内在底蕴如此丰富博大，所以无论它是不是陈词滥调，都很值得我们深究。修习"顺其自然"会令我们获益匪浅。

"顺其自然"，顾名思义，是要我们不再执着于任何事物——某个想法、某个物件、某个事件、某个特定时间或某个观点、某种欲念。这应是一种清醒状态下的决定，决定要释放自己，接受一切，随着每一刻的展开，全身心融入当下之流。顺其自然，意味着不强求，不抗拒，不挣扎，从而获得某种更强大、更有益的东西，这种东西来自让事物顺性而为，无论你对其迎拒与否，无论你的喜好欲念如何。顺其自然，就好比你伸开手掌，对自己一直紧握不放的东西放手。

但是真正羁绊我们的不仅仅是我们投射在外部事物上的各种欲望，也不仅仅是我们那双紧握不放的手，而是我们那颗怀着执念的心。我们常常不顾一切地固守狭隘之见，坚持一己之愿，从而自己羁绊了自己，自己禁锢了自己。顺其自然真正指的是选择清楚地意识到个人喜恶对我们产生的巨大影响，意识到蒙昧状态给我们带来的巨大影响；正是这种蒙昧状态使我们受制于自己的喜恶。要想清楚地意识到这些，我们需要在完全清醒的状态下让恐惧和不安感完全展露出来。

只有完全认识并承认自己深受羁绊，只有使自己认识到我们观察事物时佩戴了"有色眼镜"，我们才可能做到顺其自然。这副"有色眼镜"，我们在毫无意识的状态下戴上了它，它处在观察者和被观察对象之间，对事物进行过滤和上色，并由此扭曲我们的观点。在这些凝滞的时刻，我们可以实现顿悟，尤其是如果在追名逐利的时候我们能清醒地意识到自己当下正被执着追求坚守的执念或诅咒抗拒的执念羁绊的话。

只有当我们完全沉浸安定在当下，对一切无欲求、不执着、不拒绝时，宁静、洞见和智慧才会翩然而来。这是一个经得起检验的命题。你尽可一试，权当自娱。你尽可试试：在你身体的某个部位非常想抓住某物时，尝试放手，看看这样做会不会能比固守不放带给你更深的满足感。

不作评判

在冥想中，用不了多久你就会发现，我们的头脑中总有一部分在不断地对我们经历的事情进行评判，它不断地拿它们跟我们经历的其他事情作比较，或者不断地拿它们跟我们自己设定的期望和标准进行比照。而我们之所以设定这些期望和标准，则是出于担心：担心自己不够好，担心祸事将来到，担心好运不长久，担心有小人暗算，担心事不能遂愿，担心众人皆醉而自己独醒，或者担心众人皆醒而自己独醉。我们往往会透过有色眼镜观察事物，我们的评判标准是某物究竟于我有利与否，或者究竟符合我的信仰与哲学与否。如果于我有利，我就喜之。如果于我不利，我就恶之。如果既无利又无害，我就对它没有感觉，或者甚至有时候压根就对它视而不见。

如果静下来，评判之念就会像雾角一样响起：好讨厌膝盖疼……太无聊了……我喜欢这种宁静的感觉；我昨天的冥想效果很不错，不过今天的确很糟糕……。冥想对我没用。我做不好。一句话，我真没用。这种思考主宰着我们的心灵，如重石在胸，令我们疲惫不堪。如果能卸下这块巨石，我们必会感到身心俱爽。想象一下，如果终止这一切评判，而任由每一刻顺其自然，不去评价这种评判是好是坏，你会有什么感觉？你会感到真正的平静，真正的自由。

冥想意味着培养出一种不予评判的态度，不对我们心中浮现的任何想法妄加评判。没有这种态度，你就算不上在修习冥想。这并不是说不可以进行评判。你当然需要对事物进行评判，因为对事物进行比较、判断和评价是我们的心之本性。我们指的是，评判发生时，我们不会竭力阻止它或忽视它，就像我们不会遏制我们心中闪现的其他思绪一样。

在冥想中，我们奉行的原则是只观察身心中发生的一切，只承认它们的存在，不对其横加指责，亦不对之孜孜以求，同时，认识到我们的评判是不可避免的，意识到这些评判必然会限制我们对体验的思考。在冥想中，我们感兴趣的是直接接触体验本身——无论这种体验是气息的进出、某种感觉、某个声音、某种冲动、某种想法、某种认知，还是某种评判。我们要小心谨慎，不要陷入对评判本身的评判中，也不要陷在评判某种评判好、某些评判不好中。

虽然我们的思维影响着我们的体验，但很多情况下，我们的思维往往并不完全准确。很多时候，我们的思维仅仅是在有限知识的基础上、在过去认知的影响下所形成的偏狭的一己之见、片面反应和固有成见而已。而且，如果我们对此毫无意识，那我们的思维就会妨碍我们，使我们在当下无法洞悉真相。我们会自以为自己了解自己的所见所感，并热衷把个人评判加诸于我们见到的一切事物之上。只要熟悉这种根深蒂固的认知模式，并且在它出现时认真观察，你就能更虚怀若谷，不加评判地接受、包容一切。

当然，不予评判并不意味着不再了解在社会中如何行为举止才算得当，也不是对任何人事都不论是非。它只意味着，如果我们能认识到自己总是受潜意识下的喜恶影响、总是被这种潜意识的喜恶蒙蔽、因而看不清这个世界、看不清自身存在的纯粹性，那么我们在自己的个人生活中为人处世会更清明澄澈，各种行为更冷静明智、更行之有效、更符合道义。喜和恶这两种情绪可能会在我们心中永远存在，它们会在不知不觉中成为我们生活中各种惯性行为的温床。如果我们能在心灵孜孜不倦地渴望或追求我们喜欢的事物或结果时，认清并识别其中萌发的贪婪或欲念；在心灵抗拒或设法避开我们厌恶的事物时，从中发现厌恶和憎恨的幼芽，那么我们就能稍作停顿，进而认识到，某种程度上而言，这些喜恶的确在时时刻刻影响我们的心灵。可以毫不夸张地说，这种喜恶就像一种慢性病毒，它慢慢地侵害我们，使我们无法看清事物的本质，使我们无法充分发挥自己的潜能。

信任

　　信任是一种信心或信念，坚信事物能在可靠、有序、公正的框架内发展。我们也许并不总是能理解发生在我们身上的每件事情或在某种特殊情况下发生的事情；但是如果我们信任自己，信任彼此，或者信任某种进程或某种理想，我们就能从中获得安全、和谐和坦诚。从某种程度上来说，这种信任，如果不是无知的盲信，会在冥冥中指引我们、保护我们，使我们免受伤害，远离自我毁灭。

　　在正念修习中，信任心态的培养非常重要，因为如果我们不相信自己具备观察能力、坦诚和专注能力、反思个人体验的能力、从观察和专注中成长和学习的能力、深刻洞悉事物的能力，那么我们就不大可能会锲而不舍地培养这些能力，最终这些能力只会渐渐萎谢或进入休眠状态。

　　从某种意义上来说，正念修习就是培养信任之心。我们首先深入了解一下我们自身有何值得信赖的东西。如果我们不能理解指出自身中有何值得信赖的东西，那么也许我们需要在宁静而简单的心境下更深刻、更持久地审视自己。如果我们很多时候都不知道自己在做什么，不太喜欢我们生活中万事万物呈现出来的样子，那也许我们该更多地关注、了解、观察自己做出的选择以及这些选择带来的后果。

　　也许我们可以从尝试信任当下开始，接受自己此时此刻的所感所思所见，因为正是这些定义着当下。如果我们能在当下驻足停留，全身心沉浸在当下，我们也许就会发现当下非常值得我们信赖。如果反复进行这种尝试，你也许就会获得一种全新的感觉：在我们内心深处，有一个非常健康、值得信赖的核；我们的直觉就是对当下的真实反映，它值得我们信赖。

坚强起来吧，进入自己的内心；

在那里，你能找到立身之根本。

好好思忖吧！

不要旁顾其他！

卡比尔说：抛开对想象之物的一切思考，

立足于自己的内心。

——卡比尔

慷慨大方

同耐心、顺其自然、不评判和信任一样，慷慨为正念修习提供坚实的基础。你不妨试验一下，把培养慷慨大方当作一种"给予"练习，当作一种深刻自察的工具。这最好从自我做起。看看自己能否给予自己"礼物"，这份礼物可以是真正的祝福，比如悦纳自己，也可以是每天为自己抽出一点"无为"时间。要练习心安理得地接受这些来自自身以及宇宙的馈赠，将其视为理所应当，不要觉得自己应为之承担义务。

看看你能否触摸到自己的内心之核，这个心核的丰富博大无可估量。让这个心核向外散发能量吧！让它的能量传遍你的全身，传遍他人！尝试将这种能量散发出去——先从小处做起——将它传给自己、传给他人吧！别计收获，勿求回报。多多给予，不要以为自己给不了那么多；相信自己其实比想象中更富有。歌颂这种富有吧。尽管给予吧，就好像自己的财富取之不尽一样！给予吧，就像"君王的恩赐"般浩荡无垠！

此处我指的不仅仅是金钱或物质上的财富，虽然能与人分享物质财富确实能极大地促进发展、使人振奋，而且能救人危难。相反，我在此处想说的是，你要修习与人分享自身的充实、分享最好的自我，分享自己的热忱、活力、精神、信任、坦诚以及最重要的，你的存在。与自己分享，与家人分享，与世界分享。

试一试

在产生给予念头时，你心中是否会有反对之声？你是否对自己的未来忧心忡忡？你是否有时觉得自己给予的太多？或者觉得对方不够感恩戴德？或者觉得自己在给予中付出太多、精疲力尽？或者觉得自己从中一无所获？或者觉得自己尚不够富裕、尤嫌不足？请留意这些想法，考虑一下这种可能：以上所忧全非事实，不过都是某种形式的惯性、小气以及由于恐惧而产生的一种自我保护而已。这些想法和感受都是从自我珍视中延伸出来的棱角，它们与外在世界不断发生摩擦，经常给我们和他人带来痛苦，使人与人出现疏离和隔膜。给予则像砂轮，它磨平了这些粗糙的棱角，使我们更清醒地认识到自己内在的丰富。通过修习慷慨这种正念，通过给予，通过观察它给我们自身以及他人带来的影响，我们才得以转化自己，升华自己，发现自身的博大丰富。

也许你会反对，说自己精力不够，热情不足，无法给予任何东西；说自己力不从心、一无所有。或者你也许会觉得，你自己一味地给予、给予，而别人却将其视为理所当然，不知感恩或甚至熟视无睹。也或者你只是利用给予隐藏自己的痛苦和恐惧，或者利用它使别人喜欢你或依赖你。我们需要注意并警惕这样的不良思维模式或者人际关系。无心的给予是不良的，更称不上慷慨。重要的是，你要明了自己的给予动机，知道什么样的给予并不是慷慨，而不过是由于恐惧或缺乏信心。

有意识地培养慷慨大方，并不一定要倾自己所有，有时你甚至无须奉献任何东西。首先，慷慨是一种内在给予，一种感受状态，一份乐于与世界分享自我存在的心甘情愿。最重要的是，要信任并尊重自己的本能，但与此同时，还要将其作为个人的一个实验，敢于就此冒些风险。也许在面对利用或不纯动机时，你需要少给予一些，或者应该信任自己的直觉。也许你确实需要给予，但应以一种不同的方式给予，或者你应因人而论。也许最重要的是，你需要首先对自己慷慨一些，然后可以尝试给予别人，给的稍稍比自己设想的个人能力范围多一些，有意识地留意并摒弃任何谋求回报的想法。

　　主动开始给予吧。不要等别人来求。看看会发生什么——特别看看你自己会发生什么变化。你也许会发现自己并没损耗精力，反而更精力充沛了，而且你更能看清自己、看清你们之间的关系了。你也许会发现，你非但没有损耗自己或损耗自己的资源，反而使自己和手头资源更充盈了。这就是有意且无私的慷慨的力量所在。从深层来看，没有施予者，就没有施舍物，没有接收者……宇宙万物将是另一番样子。

至强则弱

如果你是个意志坚强、颇有成就的人，你也许会常常给别人留下一种坚不可摧的印象，他们会觉得你无所不能、心灵强大。这种形象会使人产生距离感，最终会给你和他人都带来极大痛苦。其他人会非常高兴地接受你给人留下的这种印象，高兴地跟别人一起将你的这种形象扩散出去，他们会把一种铁人般的人格投射在你身上，不容许你有任何真实情感。事实上，在耀眼光环的遮蔽下，你很轻易就会触摸不到自己的真实感受。核心家庭中的父亲以及任何权力圈中的相对位高权重者都经常会遭受这种疏离。

如果你以为自己通过冥想修习变得更强大了，那么你也会遭遇类似困境。你有时会渐渐以为自己是个坚不可摧、方向正确的冥想者——一个一切尽在掌握、足够聪明睿智地应对一切且又不会陷在消极情绪中不能自拔的冥想者，并且也许会渐渐将这一点表露出来。如果这样，你只会自作聪明地在不知不觉中阻断自己的发展之路。凡人皆有情感，如果自筑篱笆将自己与所有这些情感隔离开来，那只会自食其果。

所以，如果你发觉由于进行了一些冥想修习，因而觉得自己或坚不可摧或强大无比或知识渊博或睿智通达，以为自己的冥想修习已经有所成果，发觉自己开始以夸夸其谈、大言不惭的口吻对冥想话题大谈特谈，你最好心怀警惕并扪心自问，看看自己究竟是在逃避个人的脆弱还是在逃避一直以来忍受的痛苦，抑或是在逃避某种恐惧。如果你真是强者，那你根本无须向自己或他人宣扬。你最好转换方向，关注自己最不敢正视的事物。你可以容许自己去感受，甚至哭出来，不要强求自己对一切都有所见解，不要对别人摆出强大无边或冰冷无情的样子，相反，要体悟自己的感受，适当地敞开心扉、释放情感。似弱实强，似强实弱，不过是竭力掩饰虚弱而已，无论他人或者你自己如何信服这种强，但它其实不过是个表象而已。

❋ 试一试

意识到自己在遇到困难时的冷峻样子。下一次，当你有无情的冲动时，不妨柔和点；当你有拒绝给予的冲动时，不妨慷慨些；当你打算封闭或关闭自己的情感时，不妨打开心扉。如果感到痛苦或悲伤，请任它们顺其自然。容许自己感受自己的任何感受。请注意你给哭泣或脆弱贴的标签。摒弃这些标签吧。只管去感受自己的感受，同时培养对每一刻的意识；你大可以伴着"上""下""好""坏""弱""强"等评判语前行，直到你认为这些词已不足以描述你的体验时为止。关注体验本身。相信自己心中蕴藏的最难发现的力量：活在当下，保持清醒。

自愿简单

我常常有这样的冲动：想在这一刻中见缝插针地完成这事完成那事。哪怕只是一个电话，哪怕只是在去彼处的路上在此处稍作停留。我从未想过也许这样做会适得其反。

我已经学会辨别这种冲动，并对它持怀疑态度。我努力学着对它说不。这种冲动往往使我在吃早餐时两眼紧盯着燕麦盒，一遍遍地看上面附列的营养成分说明，或者看厂家礼品大赠送的广告。这种冲动只要你见缝插针地做点事情，而并不在乎你具体做什么。报纸往往更能吸引我的注意力，里昂·比恩⊖产品目录也一样，周围任何别的东西也都具有同样的吸引力。它总要你见缝插针地做点事情，它和我的大脑合伙同谋使我在某种程度上一直浑浑噩噩、神志不清；我和我的家人清晨起床，在各自去忙碌之前在餐桌旁聚在一起，但这种念头却使我无暇旁顾，对餐桌上的灯光、厨房里的香气、进餐的气氛以及餐桌上家人的讨论和争论都浑然不觉。我还没吃早餐呢，这种混沌却已经使我感觉不到饥饿了。

我喜欢培养自愿追求简单的品质来抵制这种冲动，我相信这种品质会给我的心灵带来深层次的滋养。要修习这种品质，我们需要有意识地一次只做一件事情，并且确信此时当下就只为这一件事情而设。有很多

⊖ L. L. Bean，里昂·比恩，是美国著名的户外用品品牌，创于 1912 年，其品牌名字是创始人 Leon Leonwood Bean 名字的缩写。——译者注

这样的时刻：比如，带着狗去散步或者跟狗玩一会儿，这时要真正身心俱在。自愿简单意味着一天中少去而不是多去几个地方，看得少以便真正见得多，做得少以便真正干得多，少索取以便真正拥有更多。万事莫不如此。然而，作为几个年幼孩子的父亲，一个要养家糊口之人，作为妻子的丈夫，父母的长子，作为一个深切关心自己工作的人，我不大可能抛开一切像梭罗那样到某个湖边某棵树下一待数年，只听风吟，只观季节变换，虽然我时时有这种冲动。不过，虽然家庭生活和工作烦琐纷杂，要应对各方要求，要肩负许多责任，而且会时时倍觉沮丧，并且本人也没有什么过人的天分，但若要在小处选择简单，还是完全可以做到的。

放慢脚步就是其中重要一步。身心都放在我女儿身上而不是去接电话，不响应心中"需要在此刻给某人打个电话"的冲动，不要一时冲动想要得到某个新东西，不要不由自主、轻而易举地做了杂志、电视或电影的俘虏，所有这些都能使我们的生活变得简单起来。此外，还可以静坐一晚什么都不干，或者可以独自去散散步，或者也可以跟孩子或妻子一起去散散步，或者还可以把柴火重新垛一垛或者看看月亮，或者还可以在树下感受一下微风拂面，也或者还可以早点上床睡觉。

为了让生活保持简单，我训练自己说"不"，我发现这种努力永远没有尽头。这种努力就其本身而言就是一种艰苦然而值得的训练。不过要做到这一点也是非常难的。总有些我们必须做出响应的需求或机会。要想在这个世界中努力做到简单，我们需要寻求一种微妙的平衡。它需要我们不断做出调整，不断进行探究，不断给予关注。但是我发现，自愿简单使我留意真正重要的事情、留意身心以及外界构成的生态圈，在这个生态圈中万物相连，每个选择都影响深远。这根本超出了个人的控制范围。但是选择简单会使我们的人生多一份自由，这份自由对我们来说简直是求之不得的；而且，选择简单会使我们更有可能发现，简单可能实际上是丰富。

简单，简单，再简单！我说，将你要办的事情简化至两三件已经足矣，不要弄出百件千件来；千百万件事里，真正重要的不过数件而已……现代文明生活中，各种烦琐杂事浩如烟海，一个人要想生存下去，必须得超脱于琐事之狂风暴雨旋涡流沙之外，否则早就沉入大海、葬身海底、无法安全抵达港口了。那些成功之人必定是精于算计的高人。简化，简化。

——梭罗《瓦尔登湖》

定力

　　专注是正念修习的核心所在。你的心灵有多平静稳定，你的正念就会有多强大。如果心灵失去了平静，那么正念之镜就会像洋面一样波涛汹涌、动荡不安。如果这样，它就无法准确地反映事物了。

　　你既可以在修习正念的同时培养定力，也可以对之进行单独培养。你可以把定力看作心灵对某个被观察事物的持久专注能力。要培养定力，你可以专注于某样事物，比如呼吸，只把注意力焦点集中在它上面。每当注意力出现游离时，不断把它集中到呼吸上来，这样定力就会得到发展和深化。在正念中修习专注力时，不要费神去探究我们的神思究竟游移到了何方，也不必去琢磨呼吸到底均匀与否。我们的精力只集中在体验这次吸气，这次呼气上，或者集中在注意力关注的某个目标物上。随着练习的深入，我们的心神往往会越来越善于停留在呼吸上面；或者，走神的念头刚一萌发，我们的心立刻就能发现，而且它要么能在第一时间抵制这种移神念头，使注意力继续停留在呼吸上，要么使移走的注意力迅速回到呼吸上来。

　　随着定力修习的不断强化，我们的心境会越来越平稳，因为定力修习本质上就是非常稳定的。无论发生什么，这种平稳都会毫不动摇、难以撼动。如果能在相当长的一段时间里定期培养定力，那真是对自己的最佳馈赠。如果你能为了这个目的，像梭罗一样从这个世界中隐退，长时间地静静冥想，这种平稳心境就再容易实现不过。

　　一心一意的定力修习会给我们带来平和稳定的心境，这种心境是正念培养的基础。没有一定程度的定力，你就不会拥有强大的正念。除非你能持续地将注意力倾注在某物上，不会时不时地被他物或者自己心中纷杂的思绪分神，否则你就无法深刻地洞悉事物。你的定力越深，正念的潜能就越大。

　　深厚的定力会给我们带来愉快的体验。一心一意地专注于自己的呼吸时，其他一切——我们的思想、感受、外在世界等——都会消失无踪。定力就是要全身心沉潜到平静和不受任何干扰的安宁中。这种宁静令人神往甚至令人迷醉。我们会很自然地发现自己在追求这种使人沉醉欣喜的宁静、简单的心境。

　　但是，如果没有正念对之进行补充和深化的话，无论多么强大而令人满意的定力都是不完整的。就其本质而言，定力修习有点类似于隐退脱世，它是封闭能量而不是释放能量，是吸收能量而不是提供能量，它让人出神恍惚而不是完全清醒。它缺乏的是对人类所处的大千世界的好奇、探索、开放、给予和参与，而这些恰在正念修习的范围之内。在正念修习中，专心致志、在此刻实现平和、宁静的心境是为了深刻地洞察并理解各种人生体验之间存在的内在联系。

　　定力益处多多，但是如果你一味沉浸在这种令人愉悦的内在体验中，将定力视为逃避令人不快和不满的世界的一种手段的话，那么它能发挥的作用就十分有限了。你也许会被这种宁静平和诱惑，因而躲避日常生活的繁杂。因此，你就难免会对这种平静心境产生依恋，而任何强烈的依恋都会蒙蔽我们的心灵。最终，它会阻碍我们的进步，扼杀我们的智慧。

观照

    如果仅每日虔诚地进行冥想修习，却从不思考自己为什么要修习冥想、从不思考冥想于你的生活究竟有什么意义、冥想为什么是你的出路所在、它是否真的对你有用，那么这种修习不仅不可能坚持下去，而且几乎没有任何意义。在传统社会中，文化氛围提供这种观照，并不断强化它。比如如果你是佛教徒，你可能会因为整个文化氛围都认为冥想能帮我们实现澄明慈悲、达到佛境化境、摆脱尘世烦扰、获得通达智慧而修习它。但是你会发现，在西方主流文化中，没有任何东西可以为你选择走这条自律和坚持之路提供支持，更何况这条不同寻常的路需要你付出努力却又主张无为，需要你耗神费力却又不会给你带来任何可触可摸的收益。再者，生活以及身心的动荡多变会轻易打消任何肤浅的、不切实际的、希望自己能变得更好或更冷静、更清醒、更善良的设想；更甚者，单是清晨的寒冷和黑暗就会使我们对早起独坐感受当下这种事产生畏惧心理了。我们会很容易将冥想修习一推再推，或者认为它无足轻重；于是当我们想再多睡一会儿或者想暖暖和和地待在床上时，冥想修习就被搁置一边了。

    如果你想稍为长久地进行冥想修习，你需要一个真正的发自内心的观照——这种观照必须是深刻的坚定的、必须能真实地反映你自己认定的个人本质、你的价值观、你的心灵方向。只有在这种极有活力的观照的推动中，你才有可能在冥想修习之路上年复一年地走下去，乐于每天进行修习，乐于修持正念，让它对所发生的一切产生影响，乐于敞开心扉接受感知的一切事物，乐于让正念指点我们该何时收何时放，以及哪些方面需要加以培养。

冥想修习不带丝毫浪漫色彩。我们需要加以修持的方面往往是我们最坚决地维护的方面，我们会非常不愿意承认这些方面的存在，更别提毫不设防地、有意识地正视它们然后采取行动去改变了。如果你抱有一腔空想，觉得自己是个冥想者，那么你的冥想修习肯定不会持久；同样地，如果你认为冥想会对你有益，只因为它给别人带来了益处，只因为你觉得东方哲学很深奥或者只因为你有冥想的习惯，那你的修习也不会持久。我们所说的观照必须是每日更新的，永远牢记在我们心头的，因为正念本身需要我们清醒地意识到自己的修习目的和意图。否则的话，我们还不如待在床上别起来。

你的观照应该体现在每日的修习上，修习本身就应成为你最珍视的事情。所谓修习，并不是要你努力改变自己，或努力使自己与现在的样子有所不同，不是要你在感觉不平静的时候努力保持平静、在非常生气的时候努力表现得可亲。相反，它是要你记住对你来说什么重要，这样你就不会在盛怒或激动的时刻遗忘了它、背叛了它。如果正念对你来说极为重要，那么每一刻都是修习的时机。

比如，假如某天中的某个时候你感觉很愤怒。如果你发现自己心怀怒气并将这种怒发泄了出来，那你也会发现自己在时刻监控这种发泄、监测它带来的影响。你也许不但会知道这种发泄给别人带来了怎样的影响，而且还会知道这种状态持续了多长时间，你会明白自己的这种强烈感情源起何因，你还会知道自己在发泄时身体的姿势举止如何，知道自己在发泄时的语气措辞如何。有意识地发泄怒气其实很有道理，而且众所周知，从医学和心理学上来看，压抑怒火并将其深埋心中会有害健康，尤其是如果这种压抑成了习惯的话。但是话说回来，不管你的发泄多么合情合理，如果将这种不加控制的发泄演变成一种习惯、一种自然反应，那也一样有损健康。你会感觉到怒气笼罩了自己的内心。它会使你产生攻击或暴力冲动，即便这种怒是为了雪冤或得到某种效果，由此无论你是对是错，事情本质就会发生根本转变。你会感觉到这一点，虽然有时你无法控制自己。正念可以使你体悟到这种怒给你自己以及他人带来的毒害。我也常常对这种毒害失察，虽然客观来讲我已经修习了很久。它的内在毒性具有传染性，所到之处无一幸免。如果能把它的能量转变成力量和智慧，既不对之进行压抑，又不对外发泄的话，那么其影响将非常巨大，而且就更能转化怒指向的对象和来源。

所以，如果你能在怒火升腾起来时有意识地扩大怒的内涵（无论是你的还是他人的怒），认识到其中一定存在某些比怒更强大、更重要而在这个情绪激昂的关头被你遗忘的东西，那么你心中就能保留一份独立于怒之外的清醒。这种清醒能看到怒，它知道这怒的深度，它比这怒大，所以它能像容器盛纳食物一样将这种怒容纳其中。这种清醒帮助我们盛着怒，它帮助我们认识到它的害处大于益处，虽然这些害处并非出自我们的本意。就这样，这种清醒帮助我们"烹煮"怒，"消化"怒，从而使我们能够有效地对之加以利用，而且也许能使我们从对怒的惯性反应转变为有意识的回应，从而超越它。

我们的观照应与我们的价值观相连，与我们的人生准则相通。如果你以爱为信条，你会用行动证明还是仅夸夸其谈？如果你信奉慈悲、无害、善良、智慧、慷慨、平静、独处、无为、公正和澄明，那你会在自己的日常生活中对这些信条身体力行吗？要想让你的冥想修习充满活力，你必须得达到这种意识层次才行。这样你的冥想修习才不会沦落为惯性或信仰驱使下的机械练习。

苟日新，日日新，又日新。

——梭罗在《瓦尔登湖》中引用的中国铭文

试一试

问问自己为什么要进行冥想，或者为什么你想进行冥想修习。不要相信自己的第一答案。只管把脑子里浮现出来的任何东西写下来。继续问自己。同时，问问自己持有怎样的价值观，问问自己在生活中最推崇什么。将你认为真正重要的东西列出来。问自己：我的观照是什么？我用什么来标示自己的所在、自己的方向？这种观照是否真实地反映了我的价值观和意图？我是否时时记得践行自己的价值观？我是否践行了自己的意图？此刻，当下，我的工作、家庭、人际关系是何状态？我与自己关系如何？我欲待怎样？我会怎样践行自己的观照和价值观？我对自己以及他人承受的苦难持何态度？

禅修培养完人

有人告诉我，虽然据称可能在古印度时代，冥想就已经发展到了相当程度，但在佛教的原始语言巴利语中却找不到能与"冥想"对应的词。佛教中有一个常用词是婆瓦那⊖。翻译过来，该词的意思是"通过精神修行实现发展"。在我看来，这个词就是对冥想的确切描述；冥想本质上就是指人的发展。这个发展过程其实就是长牙、身体发育、劳作成事、养家糊口、背负某种义务（哪怕只是与自己订下会束缚个人灵魂的契约）、衰老、死亡等过程的自然延伸。在某个时候，出于现实考虑，你坐下来，仔细思考自己的人生，叩问自己是谁，追问漫漫人生意义何在。

古童话（fairy tales，以下译文中该词也将神话包括在内）的当代阐释者布鲁诺·贝托罕⊜、罗伯特·布莱⊜、约瑟夫·坎贝尔⑩、克拉利萨·品卡罗·埃斯蒂斯⑤等人告诉我们，古童话犹如古老的地图，它们为人类的完全发展指引方向。早在文字书写出现之前，在沉沉暮霭或漆漆黑暗中，围火而坐的古人就已经开始传讲这些故事，它们中蕴藏的智慧一直流传至今。虽然之所以能流传至今，部分原因是故事本身非常引

⊖ bhavana，多译为修道——译者注
⊜ Bruno Bettelheim，有作品《媚惑之用：神话的意义与重要性》——译者注
⊜ Robert Bly，美国诗人，"深度意象派"的代表，主要作品有《身体周围的光》《从两个世界爱一个女人》《上帝之助》等。——译者注
⑩ Joseph Campbell，美国研究比较神话学的作家。主要作品有《千人一面的英雄》《上帝的面具》等。——译者注
⑤ Clarissa Pinkola Estes，美国女作家，主要作品《与狼共舞的女人》——译者注

人入胜，但更大程度上则是因为它们其实就是我们在追寻完满、幸福及和平的过程中经历的戏剧性故事的化身。其中的国王和王后、王子与公主、小矮人与巫婆，其实并不仅仅是童话里的人物。我们直觉地意识到它们其实代表着我们在追求个人完满之路上内心中呈现出的各个层面。我们在心里给"妖魔"和"巫婆"留出空间，我们被迫直面它们、尊重它们，否则我们就会被它们吞噬（吃掉）。这些古老童话是我们的指路明灯，故事中蕴含的智慧在千百次的讲述中被提炼出来，指引我们在面对内心以及外部的"妖魔鬼怪"、黑暗"森林"以及茫茫"荒原"时求得生存、发展和完善。这些故事提醒我们，我们应该去寻找心灵的祭坛，只有在那里我们才能把原本七零八落的心灵碎片接合起来，从而在更高层面上实现生命的和谐，并更深地理解生命，这样我们才可能自此之后——即此刻当下——生活得更幸福快乐。这些故事充满智慧，早早就令人惊奇地为我们的完全发展画出了细致蓝图。

这些童话故事中频频出现的一个主题是一个小孩，常常是王子或公主，丢失了金球。无论我们是男是女是老是少，我们每个人心中都有一个王子和公主（当然还有其他无数人物），我们都曾拥有孩童才具备的金子般的纯真和无穷前景。如果我们能小心翼翼不阻碍自身发展，那么我们会时至今日仍散发着纯真光芒，或者，就算曾一度失去这种光芒，也一定能失而复得。

布莱指出，从8岁左右第一次丢失金球，到千方百计重获金球或意识到金球已经从我们身边消失不见，这整个过程可能需要30～40年的时间，然而在童话故事中，因为故事都只发生在"从前"，一切都超脱了普通意义上的时间概念，所以往往只需一两天而已。但是无论在现实中还是童话中，要想重新找回"金球"，我们都得先跟自己心中被抑制的负面力量达成一个协议；在童话中，这种负面力量往往被幻化为栖身池塘的青蛙或住在森林中的长毛野人，比如格林童话中的《铁约翰》等。

　　要想达成协议，你先得知道这些"人物"，即"王子""公主""青蛙""野人"等，都是存在的，它们是我们心灵的不同层面，沉潜在我们的意识之下，被我们本能地躲避；要想达成协议，先决条件是要与它们交流。虽然也许这种交流令你望而却步，因为它会让我们有种深入到了黑暗、未知、神秘世界的感觉。

　　即便在童话中，要想见到塘中青蛙，也得用桶舀干池塘才行；而在现实中，布莱指出，需要长时间的反复内修才能实现。舀干池塘也好，或者在热浪翻腾的铁匠铺里或酷热难耐的葡萄园里日复一日、年复一年地劳作也好，都不是什么令人心向往之的美差。这种反复内修、逐渐了解自己的内心力量，才不过仅是入门而已。内修是一个反复"锻炼"的过程。通常你得忍受"高温"。要忍受这"高温"，要想坚持下来，你得经历磨炼。但是如果能坚持下来，我们就会变得娴熟老成，我们的内心会秩序井然。而这一切，如果不经历磨炼，不经受"高温"考验，不直面我们内心的黑暗和恐惧的话，是没法获得的。在这淬炼过程中，甚至我们遭受的内在挫败都会给我们带来益处。

　　这就是荣格及其追随者们所称的心灵工作法[⊖]，即通过了解弯弯曲曲如迷宫般复杂的心灵世界，更深入地发展我们的个性。那"高温"会锻炼并梳理我们的心灵以及我们的身体。

　　冥想的美妙之处在于它可以通过冥想修习引领我们穿过"迷宫"。即便在最黑暗的时刻，即便在面对着最可怕的内心和外部困境时，它也让我们远离歧途。它提醒我们记得自己的选择，它是人性发展中的向导，是通向光明自我的路线图，它并非指引我们去找寻孩提时代的"纯

　　⊖　soul work——译者注

真金球"，而是带领我们去寻找充分发展的成年人的"金球"。但是，要让冥想完成使命，我们应心甘情愿地完成自己的使命。我们必须在黑暗和绝望到来时，毫无怨言地与之直面相对，甚至在必要时一次次地直面它们，不能逃避，不能用我们在面对不可逃避之事时想出的种种方式麻痹自己。

✳试一试

坦率面对你内心世界中的王子、公主、国王、王后、巨人、巫婆、野人、小矮人、丑老太婆、镜子、医师、骗子，等等。在冥想的时候，张开双臂欢迎所有这些人和物。请像一个国王或王后或勇士或圣人那样坐着。即使在最混乱、最黑暗的时刻，也要用自己的呼吸为线，让它引导自己穿过迷宫；即便在最黑暗的时刻，也要让正念保持活跃。要提醒自己清醒并不是黑暗或痛苦的一部分，它只是盛下痛苦，了解痛苦，所以它是最根本、最重要的，它与你心中那些健康、强大而珍贵的东西关系更密切。

练习即道

在漫漫人生道上，
我发现自己迷失在黑暗森林，
前路迷茫。

——但丁《神曲·地狱篇》

许多文化都用"旅途"来形容人生、形容人对于人生意义的追寻。在东方，有一个词曰"道"。在汉语中它的意思就是"路"或者"径"。道和法还指万物演变之理，指一切有形无形之物依循之理。天下万物，无论我们从表面看来是好是坏，就其本质而言，都合乎道。我们理应学会理解这种潜在的契合，无论生活还是决策，都应循道而行。然而，我们经常辨不清楚究竟什么是正确之道，结果，这一方面使我们有了自由空间，更显出道德约束的力量，另一方面，却也使我们深感不安、犹疑不定，甚至会彻底迷失方向。

在修习冥想的过程中，我们其实是认识到，在这一刻，我们正在人生之路上。前路在这一刻展开，在我们活着的每一刻展开。其实，与其把冥想看作一种技巧，不如将其看作一种道更恰当些。它是存在之道、生存之道、倾听之道、沿着人生之路行走之道、与万物和谐共存之道。这种认识，至少在某种程度上承认了一个事实：我们有时，尤其在非常关键的时候，确实不知道自己将往何处，甚至不知道路在何方。与此同时，我们有时候清楚地知道自己此时身在何处（即使我们知道自己迷失了、困惑了、愤怒了，或者绝望了）。而我们有时又会陷在强烈的自信中不能自拔，坚信自己知道自己要去往何方，尤其是当我们被自私自利的野心驱使或者非常想要得到某物时。不断自我深化的目的和动机使我们生出一种盲信，觉得自己知道很多，而其实我们一无所知。

格林兄弟童话集中有一个童话叫《生命之水》，一如往常，这个童话故事讲述了一个关于三兄弟的故事。仍然都是王子。两个哥哥贪婪自私，最小的那个则善良纯朴。他们的父亲老国王其时气息奄奄。三人都很悲伤。一位老人神秘地出现在王宫花园中，在了解了他们悲伤的缘由之后，老人告诉他们生命之水也许能挽救他们的父亲。"如果国王喝了这生命之水，他就会痊愈。但是这种水极难找到。"

大王子首先奉命去为父亲寻找生命之水。他心里打着如意算盘，希望借此讨得父亲欢心，好取得王位继承权。他骑上马，刚出发不久就被路边一个小矮人拦住了去路。小矮人问他行色匆匆所往何处。大王子一心赶路，轻慢张狂地命令小矮人赶紧滚开。这里预设的前提是大王子因为知道自己要找的是什么，所以以为自己知道路在何方。事实并非如此。他不能控制自己的傲慢，他对人生中的事物发展趋势一无所知。

当然，童话故事里的小矮人也并非一种客观存在，而是内心世界中最高力量的象征。这样，自私的大王子就无法触及自己内心的力量，不能拥有善良和智慧了。因为他的傲慢无礼，小矮人设计使他进入了一个极其狭窄的隘口，结果他进退不得，也不能转身。一句话，他卡在这儿了。故事往前推进，而他始终就卡在这里。

大王子一去不返，于是二王子出发去碰运气。他也遇到了小矮人，也一样傲慢无礼地对待他，最终也像老大一样进退不得。因为他俩象征着同一个人身上的不同层面，所以可以得出结论：有些人从不吸取教训。

61

　　过了些时候，小王子最终也踏上了寻找生命之水的旅程。一样地，他也遇到了小矮人，后者问他步履匆匆所往何处。跟他的哥哥们不一样的是，小王子停身下马，告诉小矮人说他的父亲身患重病，说他要去寻找生命之水，并承认自己完全不知该去何处寻找。当然，听了之后，小矮人说："噢，我知道哪里可以找到这种水。"于是告诉小王子生命之水的所在之处并告诉他如何才能得到。这寻找过程自然十分曲折复杂。然而这小王子认真倾听，记住了小矮人说的每句话。

　　当然，这个故事匠心独具、引人入胜，其中各种曲折，我在此处就不一一赘述了，有兴趣的读者可以自己去阅读原文。这里我想说的仅仅是，有时候向自己承认我们并不知道路在何方，并乐于接受来自任何意想不到之人的帮助，会对我们很有好处。这样我们才能发挥自己内心的力量或借助外在的援手。这种内在力量也好，外在援手也好，其实都源于我们自己的热忱和无私。当然，自私的兄弟也都是心灵的内在层面。故事向我们揭示的是，如果任由人类天性中的自大和傲慢控制我们，而忽略了万物秩序，那么我们最终会在人生路上陷入僵局，进退维谷，转身不得。这个故事告诉我们，以这样的态度，我们永远无法找到生命之水，我们会永远被困在某处，动弹不得。

　　修持正念需要我们尊重并关注内心中小矮人代表的力量，而不要我们完全忽略很大一部分自我，在狭隘的野心和个人得失的驱使下贸然行事。这个故事说明，只有心怀万物之道、乐于承认自己并不知道路在何方，我们才能更好地前行。在故事中，最小的王子要经历漫漫长路之后才能完全理解事物的本质（比如，理解他的哥哥是怎样的人）。他从他人的背叛和出卖中吸取了痛苦的教训，他为自己的天真付出了惨重的代价，然后才掌握了个人的全部力量和智慧。这种力量和智慧在故事中的代表是：他最终骑着马踏上了一条金子铺就的金光大道，与公主成了婚

（我在前面没有提及这位公主），并成了"国王"——成了一个全面发展的成熟的人。他拥有的不是父亲的王国，而是自己的王国。

试一试

把你人生中的每一天都看作一段旅途、一次冒险之旅。你所往何处？所寻何物？你此刻所在何处？你已经抵达旅途中的哪个阶段？如果你的人生是一本书，你打算将今天冠以何名？你此刻所在的这一章，你打算给它以何种称谓？你是否在某种程度上被困在了此处？你能完全接受此刻供你支配的一切力量吗？记住，这段旅程只为你所独有，而不属于任何别的人。所以这条路也是你自己独有的。你不可能既步他人后尘还能坚持自己。你是否已有所准备，要以这种方式来标示自己的独一无二？你能否将投身冥想修习看作存在之道上不可或缺的一部分？你能努力用正念和觉醒之光照亮自己的前进道路吗？你能看到前进之路上的陷阱吗？或者，能意识到自己在过去经历过的陷阱吗？

冥想：多思则罔

我们能对自己的做事方式进行思考，这使我们有别于其他物种。这种能力可以说是无与伦比的。但是一不小心，我们的思考就能轻易把我们生命中其他同样宝贵、同样不可思议的东西排挤出去。清醒往往是第一个牺牲品。

意识与思想并不等同。它存在于思考之外，虽然它利用思考，推崇思考的价值和力量。意识更像是一个容器，它盛放、容纳我们的思考，帮助我们看清思想就是思想，使我们不至于将思想当成现实。

思考着的心灵有时会凌乱如碎片。事实上，这几乎是它的常态，是它的自然状态。但是意识，我们从每一刻中有意地梳理出来的意识，能帮助我们认识到，即便在这样的碎片中，我们的基本天性也早已完整合一。它不仅没有被繁杂的思考局限，而且它自己就是那口容纳所有碎片的"锅"，如汤锅盛下所有萝卜丁、豆子、洋葱以及其他材料并进而将这些熬煮成一锅汤一样。但是意识之"锅"更为神奇，更像魔法师的锅，因为它无须任何劳作，甚至锅下不用火就可以"烹煮"东西。意识本身就能"烹煮"，只要有它存在。你只需用意识盛放这些碎片，然后任由它们在"锅"中翻腾。无论是精神还是肉体的产物，都会进入这口"锅"，然后被烹煮成一体。

冥想不是通过更多思考来改变思考，而是观察思考本身。观察的过程就是盛容的过程。观察自己的思考，独立于这些思考之外，这样你才能体悟到思考本身带来的极度自由，从而使你摆脱这些思考模式带来的束缚。这些存在于我们心中的思考模式往往力道强大，它们不仅狭隘、荒谬、自我、经常使我们固步自封，而且完全就是错误的。

研究冥想的另一种方式是将思考过程看作一个瀑布，看作滔滔不绝、倾泻而下的思考之瀑。在培养正念时，我们处在思考之外或之后，就好比我们在瀑布后面的山洞或岩石的凹陷处找到一个绝佳位置。我们仍能看见瀑布、听到水声，但是我们身在急流之外。

以这种方式练习，我们的思考模式会发生改变，这种改变会促使我们的生命趋于完整、使我们培养起理解和慈悲之心。但是，这种改变是思考模式自发的转变，而不是我们人为地试图用某种自认为更纯洁的想法代替另一种想法而实现的。更确切地讲，这种练习目的是要我们理解思想的本质，理解我们同这些思想之间的关系，以便于使这些思想为我们所用而不至于使我们成了思想的奴隶。

如果我们决定积极思考，也许会有些用处，但是这不是冥想。只是更多的思考而已。正如我们会轻易沦为负面思考的囚徒一样，我们也会很轻易地沦为所谓积极思考的囚徒。积极思考一样可以是狭隘、零散、荒谬、虚幻、自私自利的，甚至有可能是错的。总之，我们还需要另一种元素促成我们人生的转变，带领我们超越思想的局限。

到内心去

我们会很容易产生这样一种印象：觉得冥想就是要进入内心，或沉浸在内心世界里。但这种"内"和"外"的区分实在太局限了。在正式修习的静默中，我们确实把能量转向内在，结果发现我们自己的内心和身体中就蕴含着整个世界。

长期沉浸在内在世界中，我们会渐渐意识到，总在自身之外寻找幸福、理解和智慧，结果不一定令人满意。此处我并不是说无论上帝、环境还是他人都不能帮助我们找到幸福、获得满足，我只是想说，如果我们能了解自己的内心，能自在地——这种自在源自自己的内心世界无拘无束、源自非常熟悉自己的身心——面对外部世界，那么我们会获得更深沉浓烈的幸福、满足以及理解。

每天都抽出一些时间，沉浸在寂静中，审视内心，我们会触摸到内心中最真实、最可靠而又最容易被忽略、被荒疏的东西。面对外部世界的各种拉扯，如果能全神贯注于自身，哪怕只短短一刻，不去他处另做他事或设法取悦自己，那么无论身处何处，我们时刻都能自在，都能对一切心平气和。

不必出门去看花。

朋友，不必费劲，不必出门，

花就在你心里。

一朵花绽放千片花瓣，

足以提供一席之地。

静坐此地，你会在

心里心外、园前园后

看见美丽。

——卡比尔

重为轻根，静为躁君。是以君子终日行不离辎重。虽有荣观，燕处超然。奈何万乘之主，而以身轻天下？轻则失根，躁则失君。

——老子《道德经》

把你的视线投向内心，

你会在自己心中发现无数个不曾被涉足之地。

在这土地上畅游吧，

在这片内心之地探索。

——梭罗《瓦尔登湖》

试一试

下一次，当你感觉不满足、感觉心有缺憾或者感觉不大对劲的时候，不妨转向自己的内心，权当实验。看看能否捕捉到那一刻的能量。不要抓本杂志或看部电影，不要给朋友打电话，不要找东西吃，也不要鼓捣着做点什么，只找个地方安静下来。坐下，专注于自己的呼吸，哪怕只几分钟。不要寻找任何东西——不要找花，不要找灯，也不要去寻什么优美风景。不赞颂某物的完满，也不谴责某物的不圆满。甚至不要在心里想：现在我要进入自己的内心世界了。只静静坐在世界中心。让一切顺其自然。

Chapter 2
第二章

修习的核心

比起我们的内心，我们周围的一切都不足挂齿。
——奥利弗·温德尔·霍姆斯⊖

W h e r e v e r   Y o u   G o ,   T h e r e   Y o u   A r e

⊖ Oliver Wendell Holmes，生于 1841 年，卒于 1935 年。1902 ~ 1932 年间担任美国联邦最高法院大法官，被公认为美国实用主义法学、社会法学和现实主义法学的奠基人。——译者注

坐禅

静坐有什么特别之处？如果只是平常一坐，那真没什么特别，不过是将身体负荷从脚上移开的一种便宜之法而已。但是跟冥想联系起来之后，静坐就具有非凡意义了。

单从外表一看，你就能很轻易地看出这一点。比如，如果你看见某人在站着或躺着或走着，那你也许看不出来他在冥想。但如果他在坐着，尤其是如果他坐在地上的话，你就立刻知道他在冥想了。从任意角度来看，打坐这个姿势本身就象征着清醒，即便他双眼紧闭、面容平静安详。这种姿势如山雄伟，如山稳固。这种沉稳不言自明，由内而外自然散发。而一旦打坐之人稍稍打个盹，那么所有的雄伟沉稳就将荡然无存。内心轰然倒塌，体表一望便知。

坐禅要求长时间正襟危坐。虽然采取一种直立坐姿相对也算容易，但这不过是一个不断展开的漫长挑战过程的开端而已。你也许能很轻易"摆放"好自己的身体，但是你还得关注自己的内心在做什么。坐禅不是身体姿势的摆放问题，虽然坐姿有时也很重要。它是要我们采取一种特别的内心姿态，它是心灵的静坐。

在坐定之后，感悟当下的方式有很多种。所有这些方式都要求我们有意识地、不予评判地集中注意力，所不同的是专注的焦点是什么以及专注的方式如何。

你最好从简单之处做起，先从呼吸开始，感受气息的流入流出。到了最后，你可以扩大自己的意识范围，观察思想与感受、认知与冲动、身体与内心中的缤纷往来、回旋萦绕的一切。但是，你需要花些时间才能使自己的定力和正念强大到足以清醒地容纳如此纷繁庞杂的意识之物而又不迷失其中，不被诱惑，不溃败无措。对我们许多人来说，我们也许要花数年时间、在强大的修习动力和大量练习的支持下才能做到这一点。所以，在刚开始时，你也许想从呼吸着手，或者利用呼吸为锚，将不断飘飞的思绪拉回来。不妨尝试几年，看看结果如何。

✿试一试

　　每天拨出时间静坐一会儿。5分钟就行，如果想进步快一些，10分钟、20分钟甚或30分钟都行。坐下来，静观时光一点点流逝，什么都不要做，只充分感受当下。利用呼吸为锚，将你的注意力固定在当下。你的思绪会不断随心灵之"风"四处飘飞，而到了某个临界点，锚就会拉紧，将你的思绪拉回来。这种事可能会经常发生。每当注意力分散时，将它拉回来，重新集中到呼吸上。保持坐姿端正，但不要僵硬。将自己想象成一座山。

就座

　　一个很有用的做法是抱着明确的就座意识走到坐垫或椅子旁。坐禅不同于随便找个地方一坐。在你就座时，落座宣告中包含着某种能量，这种能量就蕴含在就座地点的选择中，蕴含在充盈全身的正念中。这种姿势象征着一种"立"场，就好像是在表明"立场"，虽然你是在"坐"着。这里面含着强烈的，对静坐地点、身体放置方式、心灵以及时刻的尊重意识。

　　我们在坐禅时要有以上这种意识，但也不要在地点和坐姿上花费太多心思。也许室内或室外某处确实存在某个明显的"磁力地点"，但是只要有了这种立场态度，无论你坐在哪里、采取什么坐姿，你都会万般自在。只有当你的身心合二为一，有着清醒的身体、时间、地点和姿势意识，并且不拘泥于某种特定模式时，你才是真正坐定了。

庄严

在形容坐姿的时候，最恰当的词是"庄严"。

在坐下来冥想时，我们的坐姿在向我们传递信息。这种信息不言自明。你尽可以说坐姿本身就是冥想的一部分。如果瘫坐在那里，这表明我们体力不支、精神消极、内心迷茫。而如果坐姿绷直，则说明我们过于紧张，用力过度，不够自然了。而当我在教学中用到"庄严"这个词，意指"以体现尊严的方式而坐"时，每个人都立刻调整了自己的坐姿，坐得更直了。但这种直并非僵硬。我们的面部是放松的，肩膀是放松的，脑袋、脖颈以及脊背形成一条舒适的直线。脊柱有力地挺直。有时候我们往往会很自觉地坐在椅子前部，不去依靠椅子背。每个人似乎都知道庄严的内在含义是什么，他们知道该如何将之展现出来。

也许我们仅仅时不时需要一些小小的提醒，从而意识到自己已经做到了庄严、矜持。我们有时候会因为过去带给我们的伤痕或未来的不确定性而丧失这种庄严、矜持感。我认为卑贱之心不是我们自发产生的。相反，我认为，这是我们年幼的时候，别人千百次地如此教授我们的，而我们将之牢记在心。

因此，当我们在冥想前就座，提醒自己要坐相庄严时，我们就找回了自己原有的矜持。这本身就是一种庄严宣告。我敢肯定，我们的内心一定会倾听这个宣告。我们是否也做好了倾听的准备？我们是否做好了准备，要倾听此刻的直接体验……

试一试

以庄严的坐姿坐上 30 秒。留意自己的感觉。然后试试庄严站立。你的肩膀状态如何。你的脊柱、你的头部姿势如何？走姿庄严又是什么意思？

坐姿

当你心怀强烈的意识静坐时，身体本身就会表达出对这种姿势的笃信和执着，这种笃信和执着会内外散发。庄严的坐姿本身就是对自由、对生活的和谐、对美和丰富的肯定。

有时候你能感受到这种笃信和执着，而有时候则不能。即便在感到消沉、沉重、困惑的时候，你也能从静坐中感受到对此生价值的肯定。如果你能有足够耐心，坚持静坐哪怕只短短一会儿，你就能从中感触到生命的内核，那里无所谓上下，无所谓自由与羁绊，无所谓清明与困惑。这种内核类似于意识本身，它不会随着精神状态或生活境遇的变动而起伏。它就像一面镜子，公正客观地反映一切。这其中包括一种深刻的认知：无论此刻如何，无论发生了什么动摇你生活信念或使你无措的事情，它们最终都会不可避免地过去。就因为此，请忠实地把此刻反映到"镜子"中去，观察它，接纳它，在它的风浪中冲浪，就像你随波漂流在自己的呼吸之"浪"中一样，要坚信自己迟早会知道该如何行动、如何面对、如何前进、如何超越。要做到这一切，不能强求，而要观察，要顺其自然，要在每一刻充分感受一切。

静坐冥想不是逃避问题或困难，也不是隔离世事，一味沉溺自我或消极抗拒。相反，它是指自愿面对痛苦、迷茫和失落，如果此刻中充斥的就是这些的话。它是指自愿在相当一段时间里超越思考，只静静观察，只保持应有坐姿，感受一切，感受自己的呼吸，从中获得真知。

在禅宗中，铃木俊隆禅师[一]如此说道："坐姿恰当时油然而生的那种心境本身就是一种觉悟……这些形式（静坐冥想）并不是为了获得正确心态，这种坐姿本身就是一种正确心态。"在静坐冥想中，你已经触及了自己最真实的本性。

所以，在修习静坐冥想时，第一要义是：你采取的坐姿要使你的身体由内而外散发出一种气质，一种态度。这种气质和态度就是，你会毫无保留地认可并接纳任何时刻浮现的任何事物。这种态度取向就是不眷恋、不动摇，要像一面明镜，本身空无一物，只虚怀若谷，反映一切。这种态度就蕴含在这种坐姿中，蕴含在你选择的就座姿势中。坐姿体现态度。

在静坐修习中，许多人发现山的形象有助于加深定力和正念的培养，原因正在于此。山的形象会使我们联想到高大挺拔、雄伟庄严、岿然屹立等特质，这种联想会使我们直接将这些特质带入到自己的坐姿和态度中。

重要的是，要始终将这些特质引入到我们的冥想中。反复练习如何在面对任何心境时都表现得庄严、宁静、泰然自若——尤其是在你尚未陷入痛苦和混乱境地之前。这样，即便以后遭遇重重压力、遭遇情感混乱，你仍旧能够依靠前面打下的坚实根基保持清醒澄明，保持平和之心。但是你必须练习，练习，再练习。

你不能仅仅以为自己明白如何保持清醒，于是就专等着"平时不烧香，临时抱佛脚"。我们确实会产生这种贪念。但是真正的大事一旦来

[一] Shunryu Suzuki，1904 年出生于日本神奈川县平冢市，日本曹洞宗系禅僧，法名为祥岳俊隆。自年少时就开始禅修训练，1959 年 5 月迁移至美国旧金山，并在旧金山建立了禅中心，后来在加利福尼亚州卡梅尔谷地成立了西方第一所禅修院。1971 年在美国圆寂。——译者注

临，其力道之强大足以在一瞬间将你摧垮，你对于平静、对于如何保持清醒等种种不切实际的想法也会随之湮灭。冥想练习是一项缓慢冗长、循序渐进的工作，就像挖沟渠、栽葡萄一样，就像舀干池塘水一样，它需要我们一点一滴地做，需要我们终生去做。

手印

　　在瑜伽和冥想数千年的传承中，人体的各种能量路径都已经被加以研究、了解和运用。我们本能地知道，我们的所有体态都含有某种独特蕴义，这种蕴义我们自己清楚，别人也清楚。现今我们用"肢体语言"这个词来对其进行表述。我们可以利用这种语言读懂他人的自我感受，因为人们总在无形中向那些感官敏锐的接收者传递这些信息。

　　但是在这里，我要讨论的是，要敏于察觉自己的肢体语言。这种敏感意识能促进心灵的迅速成长，能给心灵带来巨大转变。在瑜伽中，这种与身体特定体态姿势相关的姿势被称为手印。某种程度上而言，所有姿势都是"手印"：每个姿势都有特别含义，其中都蕴含着能量。但是相比整个身体的姿势，手印通常关注的是更细微的东西。手印关注的焦点首先是手和脚的摆放姿势。

　　如果去博物馆仔细观察佛教绘画和雕像，你很快会注意到，冥想的姿态有千百种，然而无论是坐是站还是躺，手的姿势总是各有千秋。就拿静坐冥想而言，有时是双手置于膝盖之上，手心向下；有时一个或两个手掌向上；有时某只手的一根或几根手指触地，而另一只手则向上举起。有时两只手都放在大腿上，一只手的手指置于另一只手的手指之上，而与此同时两手拇指轻轻接触，好像里面兜着一个无形的鸡蛋，这种手势被称为"宇宙手印"。有时则双手合十置于胸前，在东方式见面问候中，这种手势意为作揖，用来表示对对方的尊重。

这些手印都体现着各种不同的力量，你可以在自己的冥想修习中尝试一下。在静坐时，试着将双手放在膝盖上，掌心向下。注意体会其中的自我克制之意。在我看来，这种手势意味着不要再去追求他物，而要体悟当下。

然后，将双手翻转过来，掌心向上，同时保持清醒意识，你也许会注意到体内力量的变化。在我看来，这种静坐方式象征接纳，象征乐于接纳天上之物，象征乐于接纳来自上天的能量（如国人所说，承上、启下）。有时候我会有强烈的敞开胸怀接受上天能量的冲动。在静坐修习时强化这种接纳心态，有时会令我们受益匪浅，特别是当我们的内心遭遇动荡或困惑时。要做到这一点，你仅需打开手掌，掌心向上。这并不是要你积极主动，寻找某物对自己施以奇迹般的援手。相反，是要你心存高远，乐于与通常意义上更崇高神圣、更非凡卓越、更浩瀚无边、来自更高等级、更富智慧的力量产生共鸣。

我们的所有手势都是手印，因为它们中都蕴含着或大或小的力量。以拳头的力量为例。当我们生气愤怒时，我们的手会不自觉地握成拳头。在生活中，有些人常在不经意间练习这种手印。结果是，你的每次练习其实都是在灌溉愤怒与暴力的种子，它们会借此生根发芽，茁壮成长。

下一次，当你发现自己在愤怒之下双手紧握成拳时，好好领悟拳头中蕴含的潜在态度，感受其中蕴含的紧张、仇恨、愤怒、挑衅以及恐惧。然后，在心怀愤怒时，如果你的生气对象正在你的面前，请尝试打开自己的拳头，双手合十置于自己胸前，在他面前做出祈祷的姿势（当然，他全然不知你在做什么）。保持这种姿势，哪怕仅仅片刻，看看自己是否还会生气，是否依旧感觉自己受了伤害。

我发现，每当我这样做的时候，我的愤怒就消失了。这并不是因为可能那种愤怒本身就属无理。而是因为当时各种其他感觉，比如对对方的同情或同理心，或者对双方共同造就的这种局面的更深刻理解，开始发挥作用，它们圈住愤怒能量，制服了它。一种局面不可避免地导致另一种局面，由此引发一系列后果，最终导致我们错误地以为事情都是针对我们个人而来的，最终愈加愚昧，愈加敌对，智慧也就不复存在。

当甘地被人近距离地射杀时，他就是这样双手合十面对对方，念着祷文，然后死去。在他最喜欢的《薄伽梵歌》$^\ominus$的指引下，多年的冥想和瑜伽修习已经使他能够不带任何感情色彩地看待自己参与其中的任何事情，包括他自己的生命，使他能够在被人夺去生命的那一瞬间自主选择自己的态度。他没有含恨而终，也没有丝毫惊诧。他早就知道自己常有生命危险，但是他早已练就处变不惊的气魄，他越来越通达彻悟，他在澄澈中大步向前。他已达到大慈大悲的境界。他执着地追求精神自由。相比之下，他的个人福祉非常渺小，他常常不惮于将之奉献出来。

试一试

注意自己在静坐冥想时，在一天中的不同时间里表现出来的各种细微情感。特别注意自己的双手。不同的手势会带来什么不同的影响？看看你是否因为更注重身体姿势而变得更清醒了。

在静坐冥想中，练习更深入地感受自己的双手，看看这是否会对你的感触方式产生影响。一切，从开门到做爱，都涉及感触。我们有时候在开门时会如此漫不经心，以至于我们的手压根不知道我们的身体在做什么，竟让我们一头撞在门上。设想一下触摸另一个人，既不机械，也不带任何功利色彩，只有关心，这多么具有挑战性。

$\ominus$　Bhagavad Gita，薄伽梵歌，印度古代史诗《摩诃婆罗多》中的一部宗教哲学诗，与《奥义书》《梵经》齐名，通常合称为吠檀多"三经"，在印度唯心主义哲学特别是吠檀多哲学的发展中占有重要地位。——译者注

结束冥想

　　在一次正式冥想即将结束时总有一个不易把握的转换过程。一想到结束，正念有时会变得涣散。如何处理这个问题非常重要。正是这样的转换要求我们加深自己的正念，拓展我们的正念。

　　在一段正式修习即将结束的时候，如果你注意力不是特别集中，那么你很可能在不知不觉中已经脱身去做别的事情了，而完全没有察觉到冥想是怎样结束的。即使意识到了，整个过渡过程对你来说也是模糊不清的。感受那些想法和冲动，它们会告诉你是时候了，该停下了，这样你就可以将正念带入这个过程。无论你是静修了一个小时还是三分钟，突然之间，一种强烈的感觉会告诉你："时间到了。"或者你也可以看着手表，是时候跟自己说该停下来了。

　　在冥想修习中，特别是当你没有用磁带指导自己修习时，你可以看看自己能否在第一时间捕捉到停下的冲动以及可能会随之而来的其他越来越强烈的冲动。在察觉到每个冲动时，伴着它呼吸一会儿，然后问自己："谁修习够了？"努力弄清这些冲动背后的含义。是疲倦、厌烦、痛苦还是不耐烦？或者仅仅是结束的时间到了？无论是什么，不要习惯性地立刻起来，也不要机械地继续修习，要停留在这种冲动中，伴着这些冲动呼吸一会儿或甚至更长时间，使冥想状态的结束就像冥想中的其他时刻一样时时都在你的意识之内。

　　在很多涉及结束某事转向他事的情况中，像这样进行练习都能增强我们的正念，无论这些事是简单如感悟关门，还是复杂和痛苦如结束人生中的某个阶段。我们在关门的时候往往会非常机械无意，因为这个动作一般来说无足轻重（除非孩子在睡觉）。但是正是因为这个动作相对无足轻重，所以有意识地关门会激活并深化我们的敏感度和感悟所有时刻的能力，而且能平复我们的习惯性无意识带来的波澜。

奇特的是，我们对自己人生中最重大的终结和生命的转折，其中包括我们的老去和我们自身的消亡也一样，甚至更无意识。在这些方面，清醒仍然具有疗伤的效果。我们也许会如此抗拒全面感受自己的精神苦痛，无论是悲痛、难过、羞愧、失望、愤怒还是类似情感，甚或欢愉、满足等情感，以至于我们在不知不觉中变得麻木，在这种麻木中我们不容许自己有任何感受或压根不知道自己感受如何。无意识就像一片浓雾，完全遮蔽了某些重要时刻，而在这些时刻，我们原本可以看到人生的短暂，原本可以触摸到个人存在和转变中最普遍、最基本的一面，正是这些诠释了我们个人多变的情感，我们原本可以感受到生命渺小、脆弱和短暂的奥秘，原本可以坦然接受人生的无常。

在禅宗里，集体静坐冥想有时候是以快板猛烈的拍打声结束，而不是在柔和萦绕的钟声里缓缓结束。这种噼啪声意在切断时间：现在新的时刻开始了。如果你在做白日梦，即使没有深深沉迷其中，当噼啪声骤然响起的时候，你也会一个激灵，这就表明在那一刻你的心并不在场。这噼啪声提醒你，静坐已经结束，现在我们已经进入新的时刻，我们要重新面对这个新时刻。

有些派别则用柔和的钟声来宣告集体静坐的结束。这种柔和也能将你从冥想中带回来，而且能指出在钟声响起的那一刻你的内心是否松弛散漫。因此，在结束一段静坐时，你可以用轻柔温和的钟声，也可以用尖锐响亮的噼啪声。两者都能提醒我们：在这些过渡时刻，我们的心要完全在场；所有的结束同时又是开始；最重要的是，用《金刚经》中的话来说，要"培养一颗空灵的心"。只有那时，我们才能看清事物的本质，才能动用自己的全部情感能力和智慧做出反应。

是以圣人处无为之事，行不言之教；万物作而不为始，生而不有，为而不恃，功成而弗居。

——老子《道德经》

试一试

注意你是怎样结束冥想的。无论你是躺着、坐着、站着还是走着，专注于"谁"结束了它，如何结束、何时结束以及为何结束。不要对这次冥想或者你自己作任何评判。只观察，只感悟从一事到另一事的转换、过渡。

练习多久

问：卡巴金博士，我应该冥想多久？

答：我怎么知道？

应该冥想多久？不断有人提出这个问题。从我们在医院用冥想疗法对病人进行医治开始，我们就感觉到让病人从一开始就接受相对较长时间的练习是非常重要的。我们都知道，如果你经常询问病人问题或者让他们问自己很多问题，你就会得到很多信息。而如果你问的少，那么你最多只能得到一点。我们对这一点深信不疑。所以我们对病人的基本要求是，他们要每天在家练习45分钟。45分钟足够让人心情平静下来，足够持续不断地专注下来，而且也许足够稍稍体会深层次的放松和富足感。再者，也足够使人有充足的机会去面对更具挑战性的心境：厌烦、焦躁、沮丧、恐惧、焦虑（包括为那些因为冥想而没有时间去完成的所有事情）、幻想、怀旧、愤怒、痛苦、疲惫、悲伤。这些都是我们平常希望逃避的心境，因为它们控制了我们的生活，使我们难以保持平和澄明的心境。

结果是，练习成了一种良好的直觉式的行为。许多来我们诊所的人心甘情愿地调整自己每日的生活方式，尽管这种调整非常艰难。他们每天连续练习45分钟，至少坚持8个星期。许多人从此再没偏离这种新的生活方式。后来，修习不仅变得更轻松了，而且成了他们生活的必需品，成了他们的生命线。

但是凡事不可过于绝对。就算对同一个人来说，这一次虽难但还能做到的事情，到了下一次，说不定就做不到了。"长"和"短"只是相对而言。带孩子的单身母亲就不大可能一次性抽出 45 分钟来做任何事情。难道这就意味着她不能冥想？

如果你的生活危机不断，或者你身处的社会动荡不安，你的经济状态一片混乱，那么就算你有时间，你也可能难以找到支持你进行长时间修习的精神力量。有时候好像总有些突如其来的事情阻碍你，特别是当你还没开始就想着自己必须抽出 45 分钟来收拾屋子的时候。在狭窄的角落里练习，而家里其他人在旁边走来走去，这都会带来不舒服的感觉，并进而成为你日常修习中的障碍。

医学院的学生就不大可能每日抽出相当长的时间什么都不做，其他许多工作压力巨大、处境逼仄的人也不大可能这样做。那些仅仅对冥想有点好奇却无十足理由牺牲安逸、牺牲舒适并且老感觉时间紧张的人也不可能。

对那些试图在生活中实现平衡的人来说，稍灵活一点的方法不但于他们有用，而且是他们必需的。重要的是，要知道冥想与钟表上呈现的时间几乎没有关系。5 分钟的正式练习可以和 45 分钟的练习一样深入甚至更甚。修习的认真程度比修习的时间长短更为重要。因为我们谈论的不是以分、以小时计算的时间，而是以点为代表的时刻，时刻是没有刻度的，是无边无际的。因此，哪怕你只想练习一点点，也是很重要的。就像小小的火苗需要被保护以避开强烈的空气流一样，正念也是需要被点燃、被呵护的，以免它被忙碌的生活或浮躁痛苦的心灵之"风"吹灭了。

如果你最初只能抽出 5 分钟甚至 1 分钟进行冥想，那也真的很不错。这意味着你已经懂得了停顿的价值，懂得了行动与静止间的转换的价值。哪怕这种转换只是瞬间。

我们教医学院的学生冥想，帮助他们应对压力以及有时在学医过程中受到的精神创伤；我们教运动员冥想，因为他们希望身心都得到训练，以最大限度地提升自己的表现；我们教接受肺功能康复治疗的病人冥想，这些人除了冥想之外，还要学习许多其他东西；我们也教利用午间时间来上减压课的白领冥想。在教这些人的时候，我们并不要求他们每天练习45分钟。我们只对自己的病人或那些出于自身原因决定极大地改变生活方式的人作此要求。相反，我们鼓励他们如果能做到的话，每天或两天练习一次，一次15分钟。

仔细想想，其实我们几乎每个人，不管我们从事什么职业或处于什么境地，都能从24小时里抽出一两个15分钟的时间段来。而如果15分钟不行，那就10分钟，或者5分钟总行吧。

想想吧，一条六英尺长的直线是由无数个点组成的，而一条一英尺长的直线也是由无数个点组成的。那么15分钟由多少个时刻组成呢？5分钟呢？10分钟呢？45分钟呢？结果证明，如果我们真的愿意清醒地感悟每时每刻的话，我们就有充足的时间去练习。

产生冥想的意愿，然后抓住某个时刻——任意时刻，做到身心俱在，充分感受它，这就是正念的核心所在。练习时间长短皆宜，但是如果练习过程中的沮丧和障碍过于强大，令人生畏，那么练习时间就永远不可能延长。与其知难而退，永远都品尝不到正念或平静带来的美好，不如自己慢慢摸索，渐渐延长练习时间。千里之行，始于足下。当我们坚定地迈出第一步，即坐下来时，哪怕时间很短，我们也能在任何时刻触摸到永恒。就这样，而且只有这样，我们才能从中受益。

如果你真的在寻找我，你会立刻看见我——你会在最短的时间里看到我。

——卡比尔

✳**试一试**

静坐时间或长或短，看看这种时间变化会给你的练习带来怎样的影响。如果坐的时间长一些的话，你的注意力会涣散吗？你有没有为自己"必须"得专注多长时间而感到心烦意乱？你有没有在某个时刻感到厌烦？你的内心是变得抗拒了还是更沉迷了？你是否有焦躁不安感？你焦虑吗？厌烦吗？是否有紧迫感？感到昏昏欲睡？死气沉沉？如果你是初练冥想，你有没有发现自己在说"这种做法真蠢"或者"我的做法到底对不对"或者"这就是我应感受到的一切"？

这些感受是你一开始练习就涌出来的还是过了一会儿之后才出现的？你能将它们视作心境吗？你能只观察它们，对之不予评判，对自己不予评判吗？哪怕只短短一会儿。如果你张开双臂欢迎它们，认真研究它们，并任它们顺其自然，你也许会了解到自己心中那些坚强不动摇的东西。随着你的内心越来越稳定，越来越平静，你心中那些强大的东西会变得更强。

没有正确之道

当我和家人一起背着背包徒步走在大提顿⊖荒原上时，我反复思考行走这个问题。每走一步，脚都会落在某个地方。无论是攀登峭壁或爬下陡坡，还是在小径上行走，我们的脚瞬间就为我们做出了决定：往哪里迈步、如何下脚、什么角度、要用多大压力、用脚跟还是脚趾、转弯还是直走。孩子们从不曾问过："爸爸，我应该把脚放在哪儿？我应该踩上这块还是那块岩石？"他们只是踩而已。我注意到他们自己发现了一条路——每一步都自主选择落脚点，而不是步我的后路。

我从中获得的启示是，我们的脚会找到自己的路。观察自己的脚，我惊讶地发现，每走一步，我的脚都可能以无数不同的方式落在无数个不同的地方。然而，在每一瞬间的各种可能里，我的脚最终执着地以其中一种方式落在了一个地方，承受着身体的全部重量（如果不稳，就轻一点）。这一步走完，便立刻放手，等着另一只脚做出选择，我就这样向前行进。所有这一切都是不假思索地进行的，只除了在某些难走的地方，需要运用思考和经验做出判断。也只有在这时候，我才可能需要对我最小的孩子，我的女儿赛琳娜，施以援手。但这只是偶尔的例外，不是普遍情况。通常我们并不看自己的脚，也并不对每一步进行思考。我们只留心前面的路，我们的大脑将路况尽收眼底，瞬间替我们决定我们

⊖ teton，提顿，提顿荒原是大提顿国家公园（Grand Teton National Park）的一部分，后者位于美国怀俄明州西北部，是冰川山区，创建于1929年，占地126平方千米。——译者注

要怎样放下脚以适合当时脚下地形的需要。

　　但这并不意味着我们每一步都走对了。我们必须小心自己的每一步。只是因为眼睛和大脑非常善于快速判断地形，并对躯干、双腿和脚发出详细指令，所以即便穿着靴子背着背包，我们在崎岖路面上的行走也能实现动作上的优美和谐。这其中有一种与生俱来的正念。崎岖的地形将其引发了出来。就算在同一条路上走10遍，我们每个人对每个脚步的每次处理都会各不相同。用脚走路总会展现出当下的独一无二。

　　冥想也是如此。虽然冥想路上也有陷阱，我们不得不小心，但是确实不存在什么"正确之道"。我们最好精神饱满地面对每一时刻，清醒地意识到每一时刻中的无限可能。我们深切地专注于此刻，然后放手进入下一时刻，不能拖泥带水。每个时刻都是全新的，每次呼吸都是新的开始，新的放手，新的顺其自然。正像我们在崎岖路上的每一次行走一样，没有什么"应该如何"。没错，这一路上可观可悟的东西有很多，但是这是无法通过强加实现的，就像你无法强迫他人欣赏夕阳如金斜照麦田，也无法强迫他人欣赏山中明月冉冉升起。在这样的时刻最好什么也别说。你能做的就是安静地欣赏这种极致的美，希望别人也静静欣赏。日落和月升自有自己的表达，自有自己的语言。有时，在宁静的氛围中才能听到大自然的语言。

　　同样地，在冥想修习中，我们最好坚持并尊重个人的直接体验，不要为"这"是不是你该感受到的、该看到的或该考虑到的而忧心忡忡。在这一刻，为什么不相信自己的体验，就像相信自己的脚能使你跨越岩石如履平地一样呢？在感觉不安全或习惯性地（无论多微小的体验）想让某个权威人士为你的体验（常常是很微小的）指点迷津时，如果你修习这种信任，你会发现在修习过程中出现了一些更接近于事物本质的东西。我们的脚和呼吸都教会我们，无论我们的脚将我们带往何处，我们都要注意自己的脚步，都要清醒前行，要真正在每一刻都轻松自如。还有比这更伟大的礼物吗？

试一试

在冥想中，要始终留心这类想法："我做得对不对？""这是我应有的体验吗？""这是应该出现的吗？"不要尝试回答这些问题。相反，你应更深刻地体悟当下，努力拓展自己的意识。伴着这个问题，清醒地呼吸，清醒地感悟这一时刻的全部内容。要相信，在此刻中，"此刻即是"，无论这个"此刻"是什么，在何处。要深刻地感悟当下中的"此刻"是什么，要始终保持正念，任由这一刻进入下一刻，无须分析、无须言语、无须判断、无须谴责或怀疑；只观察，接纳，敞开心扉，顺其自然。只关注脚下这一步，只关注此刻。

何谓吾道

我们急于告诉孩子，不能想怎样就怎样，我们甚至暗示他们，连这种想法都不能有。当他们问"为什么不能呢，妈咪"或"为什么不能呢，爸比"而我们又已经理屈词穷或失去耐心时，我们常常会敷衍道："别问那么多，反正听我的就是了。你长大了自然会明白。"

但这是不是有点不公平呢？我们成人难道跟孩子不一样吗？难道我们不想在任何可能的时候能够随心所欲吗？除了不像孩子那样诚实坦率，我们与孩子难道还有什么不同吗？而如果我们果真能够随心所欲，又会如何？还记得童话里的人在向或妖怪或侏儒或巫婆许下三个愿望后遇到的麻烦吗？

美国缅因州的人在被问路时习惯于说："从这儿你是到不了那儿的。"而涉及人生方向，也许这样说更贴切些："只有全面感悟'这儿'后你才能到达'那儿'。"我们中有多少人能真的了悟命运念给我们的这个小小绕口令？如果真能随心所欲，我们是否知道自己的方向？如果我们在心不在焉的状态，我们的常态下产生的每个冲动性愿望都得以实现，那么是否这种随心所欲会使我们的所有问题都得到解决？还是我们的生活会更加混乱？

真正耐人寻味的问题是："何为随心所欲？"这种"心"和"欲"即为"道"。我们很少如此深刻地思考自己的人生。你是否经常追问这些基本问题，比如："我是谁？""我要到哪里去？""我现在走的是一条怎样的路？""我选择的这个方向正确吗？""如果我现在能有所选择，我想去往何方？""我的理想是什么，我的路在何方？""我热爱什么？"

在冥想修习中，我们很需要做的一件事情就是思考"何为吾道"。我们不必定要想出个答案来，也不必去想一定存在某个特定答案。这些你都不要去想。相反，只坚持追问这个问题，任由各种答案自来自去、自生自灭。跟冥想练习中的任何其他事一样，我们只观察、聆听、任其来、任其去，不断追问："何为吾道？""我是谁？"

这样做的目的是坦率承认自己的无知，允许自己承认"我不知道"，然后尝试以一种轻松的态度对待自己的"无知"，而不是为此指摘自己。毕竟，在这个时刻，这才是你的本原状态。

这种追问使我们具备开放心态，帮我们获得新的认识、新的视野，从而使我们采取新的行动。一段时间之后，追问本身就有了生命。它深入你的每个毛孔，化腐朽为神奇，化平淡为诗意，化单调为丰富。最终，是追问成就你而不是你成就它。这是找到最贴近你真心的"路"的最佳方式。毕竟，这是一趟英雄之旅，而清醒和执着的追问会使它更显出英雄气质。作为一个人，你是宇宙中英雄传奇之旅上的中心人物，是童话里的主人公，是亚瑟式探索路上的主角。无论你是男是女，这一趟旅程始于生、止于死，我们一生都走在这趟旅程中。人人如此，只是应对方式不同而已。

我们能触摸到我们不断展开的生命吗？我们能接受自己的本性吗？我们能直面遭遇的各种挑战甚至主动迎接挑战吗？在挑战中检验自己，不断成长，忠于个人原则，忠于自我，找到吾道，最终不仅接受挑战而且更重要的是，享受挑战，我们能做到吗？

山之禅

　　说到冥想，山对我们有着丰富的启迪意义。在所有文化中，山都具有深刻寓意。它是神圣之地，人们总是从中寻找精神指引，实现再生。山象征着世界之轴（如须弥山⊖），山是众神的居住之所（如奥林匹斯山⊜）。山，充满神圣，令人敬畏，让人沉静，充满威严，令人膜拜。它屹立于我们星球一切事物之上，只默默一站，就征服了我们，吸引了我们。它们本性粗犷，坚如磐石，稳如磐石。山是梦幻之地，在这里我们可以纵观大自然的全貌，感受生命的脆弱和坚强。史前史后，山都在其中扮演着关键角色。对固守传统的人来说，山过去是、现在仍是母亲、父亲、守护神以及同盟。

　　在冥想练习中，我们有时可以借助山的这些美好寓意，用它们来支撑我们的意志，坚定我们的决心，以便我们能以最澄净简单的心体会当下此刻。我们为什么要静坐？我们每每坐下，沉浸在无为之境，这样做究竟意义何在？如果山在心中，山在体内，我们就会时时记起这些问题。通常，山象征着永恒存在和宁静。

　　我们可以以下方式修习山禅，或者你也可以对之加以修改，使之符合你对山以及其寓意的理解。任何姿势都行，不过我认为盘腿而坐的姿

⊖　Mt. Meru，又称弥楼山、曼陀罗山，是古印度神话传说中的名山。——译者注
⊜　Mt. Olympus，是希腊最高的一座山，位于爱琴海塞尔迈湾北岸，是希腊神话之源，是传说中希腊诸神的居住地。——译者注

势最强大有力,这样的姿势下我的身体看起来最像山,也最让我有山的感觉,内外皆如此。身处山中或者面对山景确实有用,但并非必要。内心中的高山形象才是我们的力量之源。

在心中勾勒出所知或听说或能想象出来的最美丽的山,这座山的形象本身对你就有着独特的寓意。把注意力焦点放在心中这座山的形象上或放在被它引发的感觉上,留意它的整体形状、高耸的山巅、植根于地壳岩石层中的根基、山上的悬崖峭壁或和缓斜坡。此外,也请关注它的雄伟、沉稳和美丽。这种美,无论你远观还是近看,都正从它的独特结构和形状中不断散发出来。同时,这种美又是超越特定形状和结构的,它是所有"山"的共性。

也许你心中的山,山顶有雪,低坡有树。也许山顶直入云霄,也许峰峦叠嶂,也许山顶平坦,一马平川。无论它是什么样子,只管静坐,只需心中有山,凝神呼吸,观察它,体会它的品质。在自觉准备好了的时候,看看能否将这座山代入自己的身体,这样端坐的你和心中的山就融为一体了。你的头成了高耸的山巅,你的肩和臂成了山的侧翼,你的臀和腿成了坚固的山基,深深地根植于你的坐垫或椅子中。在自己的身体中体验向上提升的感觉,在自己的脊柱中体验如山般挺拔向上的感觉。将自己幻化为一座呼吸的山,岿然不动,沉静无声,进入坐化境界,超越一切语言和思想,内敛、稳定、不动。

接下来,你也知道,光影挪移,时间流逝,山岿然不动。在山的寂然不动中,光影无时无刻不在变化,凡明眼之人都能看出实时的变化。莫奈的杰作就在这种光、影、色的变迁中诞生。在时光的流逝中,光、影、色改变着教堂、河流和山脉,这个天才撑起许多画架,一小时一小时地、从一块画布到另一块画布,画出了这些无生命的客体的生命,也因此令观画者眼界大开。日落月出,月没日现,日复一日,山只静静矗立在那里。寒来暑往，斗转星移，山依然屹立不动。宁静中蕴含万变。

夏天，除了山顶和阳光照射不到的峭壁处之外，山上无雪。秋天，似火红叶好像给山披上了一件嫣红外衣。冬天，如毯冰雪好像使山披上了银装。四季变换，山有时被云遮雾罩，有时则被冷雨淋面。来观光的游客如果不能看清山的面目，也许会倍感失望。但是对山而言，你看也好，不看也好，阳光普照也好，阴云遍布也好，烈日炎炎也好，冰天雪地也好，全都没什么分别。它只自屹立在那里。风雪肆虐时，它矗立在那里。骤雨倾盆时，它矗立在那里。春天来了，鸟儿鸣唱、树木发芽、鲜花遍地、冰雪消融、溪流潺潺，它仍矗立在那里，不为季节变换所动，不随山表万物而变，也不为世间万象所动。

静坐之时，如果心中有山，我们就能够在生活中时刻发生的各种变迁面前做到稳如磐石，不摇不动。在我们的生活和冥想修习中，我们不断经历自己身心以及外部世界的多变：我们有时觉得阳光普照，有时觉得漆黑一片，有时感觉丰富多彩，有时感觉单调乏味。我们的外部世界和身心经历着各种或大或小的波澜。在狂风、酷寒和冷雨的拍打中，我们既品尝到了欢愉，得到了升华，也忍受了黑暗，经历了苦痛。甚至我们的外表也在不断变化，就像山，不断被风化、侵蚀。

在冥想中将自己幻化为高山，这样我们就能与山的力量和稳固相通，并对之加以吸收接纳，从而壮大自我。我们可以利用山的能量支撑自己，使自己能够以觉悟、宁静及澄澈之心对待每一时刻。这种做法也许能帮我们看清自己的思想和感觉，看清自己的执念，看清自己的情感风暴和危机，看清发生在自己身上的每一件事，就像看清山中的天气一样。我们往往认为这种"天气"都是主观的、个人化的，但实际上它是客观的、非个人化的。我们不能忽视或拒绝我们个人生活中的这种"天气"。我们必须面对它、尊重它、感受它、认识它、清醒地感知它，因为它有能力摧毁我们。只有以这种方式感知它，我们才能在"暴风雨"来临的时候更深刻地了悟沉默、宁静和智慧。这种深刻也许会超出我们原来设想的可能性范围。这就是山要告诉我们的。而如果肯凝神细听，它能告诉我们更多。

　　然而说到底，山禅不过只是一个工具，一盏为我们指引方向的明灯而已。我们用它辨识方向，然后继续前进。虽然山的形象能帮助我们，使我们变得更沉稳，然而人类远比山更耐人寻味，更错综复杂。我们是会呼吸、会行动、会舞动的山。我们一方面可以坚如磐石、坚定不移、岿然不动，另一方面也可以温和柔软、轻柔和缓。我们有丰富的潜能可以为己所用。我们能看能感。我们能知能解。我们会学习，我们会成长，我们会疗创——尤其是如果我们学会不畏艰险，倾听万事万物中蕴含的和谐，抓住山的中心意象的话。

众鸟高飞尽，孤云独去闲。

相看两不厌，只有敬亭山。

——李白《独坐敬亭山》

试一试

　　在坐下来进行正式冥想修习时，将山的形象放在心中。充分利用它来培养宁静的心态，利用它帮助自己坐更长时间，利用它帮助你在心灵遭遇不幸、困难、风暴或单调时静坐下来。问问你自己，你从这种修习实验中学到了什么。你能否看自己在面对生活中的变化时态度有所转变？在日常生活中你能心存山的形象吗？你能看到他人的"山"吗？能容许每座"山"都有自己的形状和结构、容许每座山都有自己的独特性吗？

湖之禅

山的形象只是能帮你冥想，使你的冥想更为生动自然的其中一种形象而已。树、河、云、天空等形象都能为你的冥想提供帮助。形象本身不是根本，但是它可以深化，扩大你的修习视野。

有人发现湖的形象特别有助于冥想。因为湖是广阔的水面，这种形象本身给人一种躺卧的感觉，虽然你也可以坐着修习湖禅。我们知道，从根本上来讲，水的自然属性与岩石完全一样。我们还知道，就性质而言，水强于石，因为滴水能穿石。水还有一个令人赞叹的特性，那就是善纳万物。它可以随时开启，吞纳万物，然后又合拢为一体，无隙无缝。如果用锤子敲打山或岩石，后者虽然坚硬，可能也正是因为这种坚硬，山会裂，石会碎。但是，如果用锤子敲打海洋和池塘，你只会得到一把生锈的锤。水的力量正在于此。

要练习在冥想中运用水的形象，你可以在心中勾勒出湖的形象，勾勒出一汪湖水。以地为池，将其容纳其间。你要牢记的是水往低处汇流。它逢低补平，需要盛容之器。你想象出的湖可深可浅，可绿可蓝，可浊可清。无风之时，海晏河清，湖面如镜，树木、岩石、天空和云彩尽映其中，它暂时容纳一切。风起时，浪涌来，或涟漪轻起，或惊涛骇浪。那清晰的倒影顿时荡然无存。但是阳光却会在涟漪上闪烁跳动，如碎钻洒满湖面。夜幕降临，月光又开始在湖面上婆娑起舞。又或者，如果水平如镜，月亮及树木和阴影轮廓会一起倒映在湖中。冬天的时候，湖面也许会结冰，然而冰下涌动着生命和活力。

在心中勾勒出了湖的图像之后，躺卧或静坐下来进行冥想，使自己与湖融为一体，以清醒的意识、开放的心胸以及对自我的慈悲为皿，盛容自己的能量，就像善纳万物的大地盛容湖水一样。在每一刻，伴着湖的形象呼吸，将自己的身体想象为湖，敞开心胸，来者不拒，映照浮现出的一切东西。有时候，倒影和水面都清澈可见；还有的时候，湖面平静被打破，波涛汹涌，激荡不安，倒影尽消，深邃尽失。感受所有这些时刻。沉浸在冥想中时，在这整个过程期间，只留意自己心灵和头脑中的各种能量活动，注意像涟漪和波浪一样来来去去快速闪现的各种想法和感受、冲动和反应，注意它们给你带来的影响，就像观察在湖面上嬉戏的各种能量一样：风、浪、光、影、倒影、颜色、气味。

你的思想和感受有无搅动水面？你能接受这种波澜吗？你能否将涟漪轻起或浪花朵朵的湖面看作湖的一种固有属性，看作湖表的应有属性？你能不但与湖表，而且与整个水"体"产生共鸣吗？这样，即便湖表有狂风大浪，虽然它很多时候都是轻波微动，你也能拥有水表之下的那种宁静。

同样地，在你的冥想修习中，在你的日常生活中，你不但能识别自己的思想和感受中的具体内容，而且能识别出静静停留在心灵之下不动不摇的巨大的意识宝库吗？在湖禅中，我们静坐在那里，目的是要清醒地盛容接纳心灵和身体的一切特质，就像湖被大地盛容、拥抱湖水一样，就像湖水倒映太阳、月亮、星辰、树木、岩石、云彩、天空、飞鸟、光影一样，就像湖接受气流和风的吹拂一样——正是这一切凸显出了它的光彩、活力和本质。

九月或十月份的时候，瓦尔登湖如一块绝美的林中明镜。湖的周围石头环绕，在我看来，石头多寡与否、罕见与否，都一样珍稀宝贵。这样的一个湖，静卧于大地之上，没有什么比它更静美、纯洁、磅礴。秋水长天，它无须围栏；历史风云变幻，而它纯洁依然。这样一面镜子，石块击不碎它；它的水银涂层永不磨损，它的镜框就是大自然，这个镜框变迁而弥新；它的镜面永远闪亮，风暴、灰尘都无法削减它的明净；这样一面镜子，所有杂质遇到它就会沉淀，太阳以蒙蒙薄雾为拂尘——这是阳光型拭尘布——帮它将这尘埃拂去：阳光轻薄，无阻无碍，更吹气其上，蒸腾水汽，水汽升空，成朵朵白云，又映照于宁静的湖面之上。

——梭罗《瓦尔登湖》

试一试

利用湖的形象帮助自己静坐或静卧，不求达到什么境界，只清醒地坐着或躺着。留意自己的心灵何时平静如镜，何时风起浪卷。留意湖面之下的平静。在你心绪混乱之时，湖这种意象能否为你的行为举止提供新的启示？

行禅

每步皆和平。

——一行禅师《每步皆和平》

我认识一些人，他们常常很难静坐下来，但是会在行走中进行深度冥想修习。无论谁都不可能一直静坐。何况还有些人根本就无法安坐并保持清醒，这种状态下他们只会感到痛苦、焦躁、愤怒。他们可以在行走中冥想。

在传统冥想中，静坐冥想往往和行走冥想相配相称，它们都是冥想修习方式。行禅和坐禅一样妙不可言。重要的是，在修习过程中如何修持心境。

在正规行走冥想中，修习者只专注于行走本身。你可以将注意力集中在整个脚步运动上，也可以将注意力集中在脚步运动的各个孤立的分解动作上，比如换脚、跨步、放脚、换脚；或者你也可以将注意力集中在全身的动作上。你可以在有意识地行走的同时留意自己的呼吸。

在行禅中，你的行走没有什么目的地。通常是在一条小道上来来回回地行走，或者在环形路上一圈圈地行走。事实上，没有目的地会使你更容易待在自己现在所在的地方。既然到哪儿都一样，那么又何必非要到达某个地方呢？行禅中的挑战在于，你能全身心地投入到这一步、这一次呼吸中吗？

　　你可以以任何步调修习行禅，缓缓漫步或者轻快行走都行。你能专注多少步完全取决于你的速度。这种练习就是顺其自然地迈出每一步，全身心地感受每一步。这就意味着要体会走路时的各种感触：脚感、腿感、姿势、步态。就像在其他修习中要一刻一刻地体会一样，在这里，要一步一步地体会。你可以将这种练习称为"观察自己的脚步"，这种说法虽然一意双关，但我们强调的是在内心中观察，你并不需要看着自己的脚！

　　就像在坐禅中一样，在行禅中，我们总会不断遇到事情，将我们的注意力从单纯的行走体验中拉走。我们处理在行走中出现的各种感知、想法、感受、冲动、记忆以及预期，就像我们在坐禅中所做的那样。归根究底，行走就是动中的平静，就是流动的正念。

　　你最好在无人看到的地方进行正式的行走冥想，尤其是如果你打算走得很慢很慢的话。适合的地方可以是你的起居室、田野或者林中空地。僻静的沙滩也是不错的选择。你也可以推着手推车在超市中行走，想走多慢都行。

　　你也可以在任何地方进行非正式的行禅练习。非正式的行走冥想并不需要你来回踱步或绕着圈行走。只需正常行走即可。你可以沿着人行道、沿着办公室走廊有意识地行走，或者也可以去徒步旅行、遛狗或跟孩子一起散步。记住保持意识清醒。你只需提醒自己全身心投入当下，顺其自然地迈出每一步，在每一时刻到来时接纳它。如果你发现自己变得急躁或不耐烦，请放慢脚步，这可以帮助你减轻焦躁，可以帮助提醒你，你当下身在此处，等你到达彼处时，你自然会身在彼处。而如果你错过了此处，那你也很可能会错过彼处。如果你当下没有专注于此处，那么你也不大可能会因为到了彼处而变得专注起来。

试一试

无论在哪儿，清醒地有意识地行走。放慢脚步。将注意力集中在自己身体上，集中在此时此刻。你能行走，而世上尚有许多人没有行走能力，要对此感恩。感知行走的神奇。不要将身体的如此奇妙的运作能力视为理所当然。知道自己是在地球母亲的表层直立行走。行走的姿势要充满尊严和自信。就像纳瓦霍人[⊖]所说，无论身在何处，要步姿优美。

也要尝试正规的行禅修习。在静坐之前或之后，试着来修习一会儿行禅。在行走和静坐之间保持意识的连贯性。请再次记住，这种修习中我们关注的不是钟表时间。但是如果你能克制住前一两次想要放弃的冲动，你就会学到更多，你就能更深刻地理解行禅。

⊖ navaho，现在住在北美西部的印第安人。——译者注

立禅

　　要学习立禅，最佳学习对象是树木。以树的姿势站在一棵树旁，静静地站立。想象自己的双脚在地下扎根。想象自己的身体在风中轻轻摆动，就像树木在微风中摇摆那样。一动不动地站在那里，感受自己的呼吸，感受吸收雨露精华，或者闭上双眼，静静地感受周边环境。感受离自己最近的那棵树。倾听它，感受它的存在，用你的身心感触它。

　　利用呼吸帮助自己停留在那一刻……在每一刻，感受自己的站立姿态，呼吸，存在。

　　当身或心初次发出信号说也许该动一动了时，请继续保持一会儿站立姿势，想想那些一站数年的树，而如果幸运的话，它们也许一站一生。看看能否从它们身上学到些关于静立、关于感知的东西。毕竟，它们始终在用自己的深根和树干感受大地，用树干和枝丫感受空气，用叶子感受阳光和清风。静立的树身上的每一部分都告诉我们要保持清醒。尝试以这种方式站立，哪怕只站很短一会儿。努力感受吹拂在你皮肤上的空气，感受双脚与大地的接触，感受自然中的各种声音，感受光、影、色彩的跳跃，感受心灵的跳动。

❀ 试一试

　　无论身在何处，无论是在林中、在山间、在河边、在自家的起居室或者仅仅是在等公交车时，尝试这样静立。在一个人独处时，可以尝试伸开双手、掌心向上、双臂以各种姿势伸展、就像树枝和树叶一样，可触地、开放地、包容地、耐心地伸展。

卧禅

如果能设法不让自己睡着，那么静卧绝对是一种很好的冥想方式。不过，就算真的睡着了，以冥想的姿态进入睡眠绝对能使你睡得更安稳香甜。你可以以同样的方式从沉睡中醒来，充分地感受初醒时刻。

静卧时，你可以更轻松随意地放松自己的身体，这是任何其他姿势都无法比拟的。你的身体可以陷入床里、垫子中、地板上或地上，直到你的肌肉无须再做出任何努力来支撑身体。在这种情况下，肌肉以及控制肌肉的神经才能得到彻底放松。在这种状态下，如果你能容许内心保持开放和清醒状态，那么它也会很快彻底放松下来。

在卧禅中，如果能将注意力集中在整个身体上，那实在是一件幸事。你可以从头到脚感受自己的身体，同时，呼吸，向全身的肌肤散发热量。整个身体都在呼吸，整个身体都充满活力。在将正念引入自己的全身时，你可以开拓自己的身体，使之成为个人存在和生命活力的所在地，并提醒自己，无论你是谁，大脑并不能代表你的全部。

在修习卧禅时，你还可以以自由随意或更系统化的方式将注意力集中在身体的不同部位上。我们向来我们诊所的病人介绍的卧式冥想是一种为时 45 分钟的"身体扫描检查"。不是每个人都能立时坐够 45 分钟，但是这种身体扫描却是人人都可以立即做到的。你仅需躺在那里，感受自己身体的各个部位，然后放松这些部位。身体扫描是系统化的，因为我们是按照一定顺序从身体的某个部位转向下一个部位。但是具体做法并无定规。你可以从头到脚或者从脚到头，或者也可以从身体一边到另一边。

　　其中一种练习方式是注意气息在体内各种部位的进入或流出，就好像你真的能用脚趾、膝盖或耳朵吸入气体，然后再从这些部位将气息呼出一样。在感觉自己准备好了的时候，在呼出气息时放松某个部位，让它在你的"心眼"（即想象）中慢慢消散，同时放松肌肉，使自己慢慢平静下来，使自己的意识处于开放状态，然后继续转向另一个部位，与身体另一个部位联系起来，开始吸气。在这整个过程中，尽可能用鼻子呼吸。

　　然而，在卧禅中，你不一定非得像在"身体扫描"中这样如此系统化地进行练习。你也可以随意地将注意力集中在身体某个特定部位上，或者也可以专注于那些由于疼痛或某种问题而占据了你全部注意力的部位。以开放、专注和接纳的姿态进入这些部位，这种做法有时会起到非常好的治疗作用，特别是如果你经常练习的话。这不仅是对心灵和精神、肉体和灵魂的深层滋养，而且像是对细胞和组织进行深层滋养。

　　卧禅也是我们感受情感世界的一种很好方式。我们不仅拥有一颗实体心脏，而且拥有一颗虚拟、抽象意义上的心灵。当我们将注意力集中在心脏区域时，不仅感受胸部的收缩、抽紧或沉重于我们大有裨益，而且如果能清醒地意识到这些身体症状下掩藏的诸如悲痛、伤心、孤单、绝望、无价值感或愤怒等情绪，我们也会从中获得很大益处。我们的语言中之所以有心碎、心硬、沉重的心等词，原因是在我们的文化中，我们将心脏视作了情感的发源地。同时，心灵也是爱、快乐和慈悲等情感的发源地，一经发现，这些情感同样值得我们关注，值得我们珍视。

　　许多专门针对某一领域的冥想，比如爱心之禅（或曰慈爱之禅），是专门用来培养特殊的感受状态的，这些状态可以拓展、开启我们的心灵。在正式冥想修习中，有意识地、持久地专注于心脏区域，激发诸如宽容、宽恕、爱心、慷慨以及信任等情感，这些情感就会得到强化。但是，如果在冥想中，在这些情感自发出现时你能识别它们，并且能在遇到它们时保持清醒的意识，那你一样可以使这些情感得到强化。

其他的身体部位也一样具有抽象意味，都是可以通过卧式冥想或其他方式的冥想在清醒的意识下感触到的。因为位于身体的重力中心点，位于生命活力的中心，所以我们的胸腔有一种类似太阳的、辐射般的特性，它能帮助我们感受到中心感。我们的喉咙可以表达出我们的情感，它既可开合也可关闭。即便心是开放的，我们也会有"百感交集、卡在嗓子眼里"的感觉。培养喉腔部位的正念可以使我们体会自己的言语及其音调特质，比如爆发性、速度、声震粗糙度、音量、节律性等特质，以及轻柔、温和、敏感及说话内容等特质。

肉体的每个部位都有对应的情感意味，这对我们有着更深远的意义，但我们常常意识不到。为了继续成长，我们需要不断激活自己的情感"身体"，倾听它，了解它。静卧冥想可以在这方面给我们提供很大帮助，前提是你得愿意在起身之后对自己的理性思考提出质疑。在过去，我们的文化、神话以及群体仪式帮助我们激活自己的情感"身体"，它们尊重它的活力和多变。通常这是在群体长者组织的同性仪式上完成的，而这些长者的职责正在于在部落或文化群体内部向青少年传输完全长大成人的意义。而如今，社会已经几乎不再重视情感"身体"的发展。无论男女，我们都要完全靠自己的力量长大成人。我们的长者自己都因为在成长中缺乏这样的培养而失去了自己的本性，所以就再也没有这种集体知识来指导我们的年轻人和孩子，激活他们的情感活力和真诚精神。也许正念能帮助唤醒我们以及他人身上的这种古老智慧吧。

因为我们人生中许多时候都在躺卧中度过，所以可以说静卧冥想为我们提供了通往另一种意识境界的现成路径。在睡觉之前，刚睡醒之时，当你躺在那儿的时候，静卧本身就可以使你不由自主地开始修习正念，在每一刻中，使呼吸和身体融合在一起，使清醒意识和接纳心态充斥身体的每一部分，倾听、倾听、聆听、聆听、成长、成长、放松、放松……

✿试一试

在躺卧的时候，调整并留意自己的呼吸。感受气息在全身的流动。想象气息在身体各个部位的律动，比如脚、腿、骨盆、腹股、胸部、背部、肩部、两臂、喉部、颈部、头部、面部以及头顶等。仔细倾听。感受一切浮现之物。观察各种感触在体内的流动、变化。观察自己由此产生的情绪在体内的流动、变化。

有意躺下来进行冥想练习，而不只是将床当作睡觉的地方。你也可以在一天中的不同时间，躺在地板上进行冥想。或者也可以偶尔躺在田野中、草地上、树下、雨里、雪中试一试。

在睡觉之前或醒来之后，特别关注自己的身体。平躺在那里，伸直身体，将身体作为整体，感受它的呼吸，哪怕只有短短几分钟也行。特别注意自己身体上的问题部位，让呼吸引导它们与身体的其他部位融合，直至它们完全融合。不要忘记自己的情绪"身体"。尊重"内在"感觉。

每天至少静躺在地上一次

无论是练习静卧冥想，进行"身体扫描"，还是先温和而坚定地对身体进行极限伸展，然后再进行有意识的哈达瑜伽[⊖]。练习，平躺在地上时，你会产生一种特殊的时间静止的感觉。单单在房间中放低自己的位置都会使我们产生一种清澈感。也许这是因为我们很少躺在地上，所以这种做法打破了我们一贯的神经认知模式，使所谓的身体之门突然开启，我们由此进入一种特殊境界。

哈达瑜伽练习的要领是全身心投入到自己的身体中，同时留意自己在运动、伸展、呼吸、保持姿势、伸出或举起双臂、双腿以及身体躯干时产生的各种感觉、想法和感受。据说瑜伽的基本姿势有 80 000 多种，所以我们的身体要接受的挑战不会很快穷尽。但是我发现，我通常采用的核心姿势不过 20 种左右，多年来，这些姿势不断使我深入自己的身体，给我带来更深邃的宁静。

瑜伽动中有静、静中有动，是一种很好的滋养练习。正如其他形式的正念修习一样，在这种练习中你不必非要达到某种境界。相反，你是有意识地在这一刻挑战自己的身体极限；你是在探索一个地带，在这个地带你也许会产生强烈的感觉，而这些感觉与在四肢、头和躯干等形成

⊖ hatha，哈达瑜伽是六枝瑜伽之一，其他五枝是王瑜伽、业瑜伽、奉爱瑜伽、智慧瑜伽、密宗瑜伽。哈达瑜伽主要在于开发大脑、肌体、内心。从定义来讲，它是将身体置于一种平稳、安静、舒适的姿势，使身心宁静，然后将意识集中导向无限自然的本体相应、连接中。——译者注

的特殊空间布局中伸展、举起或保持身体的平衡相关。就停留在这种修习中，停留时间之长往往要超出自己心之所愿，然后呼吸、感受自己的身体。你的目的不在于突破什么，也不在于与他人竞争，甚至也不在于提升自己。不要对身体所做之事做任何评判。你只需保持宁静，感悟自己的所有体验，包括任何紧张或不适感（只要你没逼迫自己超越个人极限，那么无论何种动作都不会给你带来危险），体味在体内绽放的这些时刻。

　　同样地，虔诚的练习者不难发现，我们的身体喜欢这种不断练习，它们自会发生变化。我们会渐渐对这种练习习惯成自然。同时，当我们身体越来越深入地稳定在某个伸展动作中时，或者在两个高难度动作间隙、当我们无拘无束地躺在地板上时，我们会有种"妙不可言"的感觉。不要勉强，只需竭尽全力贴近身心、贴近地板和整个世界，同时保持清醒。

试一试

　　每天一次，躺在地板上，有意识地伸展身体，哪怕只四五分钟也行。留意自己的呼吸，留意身体的倾诉。提醒自己，这就是你今天的身体。检查一下，看看你是否能感悟到它。

不练习就是练习

我还是想说，有时不练瑜伽跟练瑜伽产生的效果是一样的，不过我希望人们不要误解我的意思，不要认为我的意思是练习与不练习没有什么分别。我真正的意思是，每一次在中断之后又重新开始修习时，你会看到一段时间的不练习对你产生的影响。所以某种程度上而言，中断之后重新开始比一直不间断地练习更令人受益。

当然，只有当你注意到诸如身体有多静止、保持一个姿势有多难、你的心灵有多不耐烦、你的心灵对一直停留在呼吸上有多么抗拒等之类的事物时，上述说法才成立。当你躺在地上，紧紧抓住自己的膝盖，同时努力想把头靠近膝盖时，你其实不难注意到这些。但是如果将上述事物放在生活中而不是放在瑜伽中，那它们就很难引起我们的注意了。不过道理是相通的。瑜伽和生活不过是对同一事物的不同表述而已。相比一直保持正念而言，忘记或忽略正念，能教会你更多东西。幸运的是，我们大多数人都不必为此担心，因为我们太容易变得蒙昧愚妄、漫不经心了。正是在恢复正念的过程中我们才会清明觉醒。

🌸试一试

在每天严格进行冥想修习和瑜伽练习的那段时间，你感觉如何、应对压力的方式又是如何？而在不进行这种练习期间，你感觉如何？你又是怎样应对压力的？注意这之间的不同。看看你能否注意到蒙昧不明和机械行为带来的后果，尤其是当这些都是源自工作压力或家庭生活时。在练习以及不练习期间，你的行为举止有何不同？你的"无为"承诺履行了吗？缺乏定期练习是否使你对时间、对达成某些结果产生了焦虑？这对你的人际关系产生了怎样的影响？你的愚妄蒙昧状态多数源自何处？什么激发了它们？无论你本周是否努力进行了正式修习，当这些蒙昧愚妄扼住了你的喉咙时，你愿意用意识盛容它们吗？你能否明白，不修习其实就是一种艰苦的修习？

爱心之禅

没有谁是一座孤岛，在大海中踽踽独居；

每个人都像一块小小的泥土，

众人相连成为一片大陆。

被海水冲刷掉了任何一块泥土，

欧洲都少了一角，

就像某个海角少了一块，

就像你朋友的领地

或者你自己的领地，

少了一块。

任何人的死亡，

都是我自身一部分的消亡。

因为我是人类的一员。

因此，永远不要问丧钟为谁而鸣，

丧钟就是为你而鸣。

——约翰·邓恩㊀

㊀ John Donne，约翰·邓恩，1572—1631，是 17 世纪英国玄学派诗人，著名诗作有
《跳蚤》(*the flea*) 以及《丧钟为谁而鸣》(*for whom the bell tolls*) 等，海明威的小说《丧
钟为谁而鸣》即取自该诗。——译者注

　　我们会对他人的痛苦产生共鸣，是因为我们彼此相连。我们是一个整体，同时也是一个更大的整体的一部分。我们只需改变自身便可改变世界。如果我在此刻变得富有爱心和善意，那么跟前一刻相比，这个世界就多了一份爱和善，而这份爱和善，虽然渺小，却一样重要。这不仅有益于我，也有益于他人。

　　你也许已经注意到自己并不时时充满爱心和善，即便对自己也一样。事实上，在我们的社会中，自卑现象普遍存在。许多美国人都有深深的自我厌憎感和不足感。也许我们是向外过度发展了，而内部则发展不足。也许真正"贫穷"的是我们这些所谓发达国家的人，尽管我们物质上非常富有。

　　你可以采取措施，通过爱心之禅改变这种贫穷。照例，你首先应该从自身开始。也许你应该使爱心、悦纳以及珍惜之情在自己心中升起？你知道，你得反复练习才行，就像你在静坐冥想中一次次地将注意力带回到呼吸上来一样。你的注意力并不会轻易就范，因为我们都带着太深的心伤。但是你不妨试一试，就当作个试验好了。在练习中暂时清醒地拥抱自己、接纳自己，就像母亲拥着受伤或者受到惊吓的孩子一样，给自己以满满的无条件的爱。就算不能宽容他人，能否培养起对自己的宽容之情呢？让自己感觉好一点，这你能做到吗？在这一刻，基本的幸福要素是否存在？

　　你可以通过以下方式修习爱和善，但是请不要把这些话语错当成了练习。同样地，它们不过是指路明灯而已。

　　首先，将全副注意力集中在自己的坐姿和呼吸上。然后，从心脏到腹部开始，唤起善和爱的感觉或意象，使它们向四周传播能量，直至善和爱充满你的全身。用自己的意识抚慰自己，就好像你是一个应被关爱的孩子。使你的意识具体化为两种能量，一种是慈祥的母亲，一种是和蔼的父亲。在此刻，认可自己、珍视自己的存在，使自己感受到也许孩童时不曾充分感受到的关爱。使你自己沐浴在这种爱中，在一呼一吸中感受它，就好像它是一条生命线，虽年久失修，但最终却给你传递来你一直渴望的营养。

在此刻，努力使自己变得平静、宽容。有些人发现时不时地对自己说这样的话非常有用："愿我远离无知。愿我远离贪婪和仇恨。愿我不再受苦。愿我幸福。"但是这些话语其目的只在于唤起心中的爱心。它们只是人们对自己的美好期许。它们只是人们有意识地产生的意图，希望自己至少能在此刻远离我们因为恐惧和疏忽而给自己惹来的各种问题。

一旦自己变成了爱和善的中心，周身向外散发出爱心——这其实是将自己也安放在爱心和宽容的摇篮里——你就可以永远"定居"在此，饮此甘露，沐浴其中，重获新生，滋养自己，使自己重新恢复生气。这无论对身体还是心灵来说都是一种意义深远的疗伤过程。

你还可以更进一步推进这种练习。在将自身变成了一个发射中心之后，你可以将爱心向外发射，使其指向任何你愿意的地方。也许你可以先将其指向你的亲近家人。如果你有孩子，请将他们放在意识中，放在心里，想象他们的样子，祝福他们一切都好，祝愿他们免受一切不必要的痛苦，愿他们能渐渐认清自己在这个世界上的道路，祝愿他们能在生活中感受到爱和宽容。然后，随着练习的深入，你可以将这种爱心指向自己的伙伴、配偶、兄弟姐妹、父母……

无论你的父母健在与否，你可以向他们表达你的爱，祝他们安好，愿他们远离孤独，远离痛苦，向他们致敬。如果你能做到并且你认为这样做有益健康、能使你获得解放的话，你可以在自己心中找个地方，原谅他们的不足，原谅他们的怯懦，原谅他们的错误，原谅他们给你带来的痛苦，记住叶芝的诗句："嘻，她就这样，她又能怎么办？"

　　你还可以更进一步。你可以将爱心指向任何人，指向你认识的或不认识的人。他们是否会从中受益我们不知，但是你肯定会从中受益，因为这样做会完善、扩展你的情感体。随着你有意识地将爱心指向与你有过过节的人，指向你不喜欢或憎恶的人，指向曾威胁过你或伤害过你的人，你的爱心不断扩展延伸。你还可以练习将爱心指向整个人类——指向那些正遭受压迫的人，指向那些在受苦的人，指向那些正深陷战争、深陷暴力或身处仇恨中的人，认识到他们与你并没有什么不同，他们也有爱人、有希望、有抱负，他们也需要住房、食物、和平。而且，你还可以将爱心延伸至整个星球、延伸至它的崇高美丽、它默默忍受的各种磨难，指向我们的环境、小溪、河流，指向空气、海洋、森林，指向植物、动物——无论你将它们当成一个整体还是单独的个体。

　　冥想或个人生活中的爱心练习是没有止境的。世间万物彼此相连，息息相关，而这种爱心练习就是一个持续不断深化这种认识的过程。这种练习就是爱心的化身。当你能在某一刻爱上一棵树、一朵花、一条狗、一个地方、一个人或者你自己时，你就会发现所有的人、所有的地方、所有的痛苦在那一刻都和谐了。这种练习并不是要努力改变什么或达到某种境界，虽然表面看起来如此。这种练习的真正目的在于揭示原本就一直存在的事物。爱和善一直都在，在此处、在某处、在处处。很多时候，我们触碰不到它们，因为这种触碰能力被我们的恐惧和伤痕、贪婪和仇恨湮没了，被我们对一种错觉的苦苦执着湮没了。这种错觉就是，我们认为自己是孤立的、孤独的。

　　我们在练习中唤起爱心和善。我们借此与自己的愚昧作斗争，就像在瑜伽练习中我们要与自己的肌肉、韧带与肌腱抗争一样，就像在其他各种形式的冥想中，我们要与自我意识与心灵中的局限和蒙昧作斗争一样。虽然有时令人痛苦，但是正是在这种抗争中，我们延伸，我们成长，我们改变自我、改变世界。

试一试

在冥想修习中的某个时刻，感受自己内心中的爱心和仁慈。看看你能否探明自己不愿进行这种修习的背后原因是什么，或者不能去爱、不能悦纳事物的背后原因是什么。只观察并思考。尝试一下，容许自己沐浴在爱与善的温暖和悦纳中，就好像自己是一个孩子，被慈爱的母亲或父亲拥在怀里。然后尝试将爱洒向他人、洒向世界。这种练习本身不存在任何局限，但是正如任何其他练习一样，它需要你的不断照料，这样才能深化、成长，就像花园中的植物需要精心照料才能茁壮成长一样。你要搞清楚，这种练习并不是要你努力去帮助他人，也不是要你拯救地球。相反，你只需清醒地感知它们，敬重它们，祝福它们，善意地、慈悲地、宽容地接纳它们的痛苦。如果在这一过程中你发现这种练习要求你改变自己的行为，那么请融爱心和正念于这些行为中吧。

第三章

沐浴正念之光

我们都是"现实"的门徒，它也是一切宗教的先师。现实眼光告诉我们……把握每天的 24 个小时。好好干，别自怜。在寒风凛冽的早晨，在佛堂里独守青灯古卷，这和将孩子们赶进车里送他们去搭校车一样难。两者没有好坏之分，都是一样的单调枯燥，其中都体现了重复的美德。我们生活中处处充斥着重复、惯性以及它们带来的好处，比如换过滤器、擦鼻子、去开会、整理花园、清洗餐具、检查油箱油量——不要以为这些小事耽误了你的大事。这样的琐碎杂事并不是我们几欲逃离的妨碍我们修习的障碍。修习使我们"上路"，而这些繁杂琐事其实就是我们的"路"。

——加里·斯奈德⊖《回归荒野》

W h e r e v e r   Y o u   G o ,   T h e r e   Y o u   A r e

⊖ Gary Snyder，1930 年生，20 世纪美国著名诗人、散文家、翻译家、环保主义者，是一位佛教禅宗信徒，深受中国文化和文学的影响，主张返回自然，于 1975 年度获普利策诗歌奖，2003 年被选为美国诗人学院院士。《回归荒野》，或曰《僻野》，英文名为 *The practice of the Wild*。——译者注

火边静坐

古时，太阳落山之后，除了时有时无的月光和星光之外，人们拥有的唯一光源就是火了。数百万年以来，人类围火而坐，凝视着面前的火焰和余烬，背后则是无边的寒冷和黑暗。也许最初的冥想就从这里发源吧。

曾经，火于我们是一种慰藉，是我们的热源、光源和保护神。它虽然危险，但是如果小心应对的话，是可以为人所控的。在它带来的温暖中，在那跳动的火光中，人类讲着故事，讨论刚刚过去的一天，或者，我们只是默默坐在那里，在忽明忽暗的火光中陷入深深的沉思。火使黑暗变得可以忍受，火给我们安全感。它安定人心，值得信赖，平复心灵，引人思考，它对于生存必不可少。

然而这种必要性已经从我们的日常生活中消逝，随之湮灭的还有几乎所有的静坐机会。在当今这个高速运转的世界里，用火来营造气氛已经不太现实，能偶尔为之已属奢侈。当外面的天光渐渐暗淡下来时，我们只需轻轻一按开关。我们可以随心所欲地调节明暗，在人造光线中，我们的生活从不中断；在醒着的每一刻里，我们都在忙碌，都在做事。我们没有时间去停留、去感悟，除非我们有意为之。我们再也不必在某个固定时间因为光线不足而被迫停下手头所做之事……每天晚上我们再也不会像以往那样一到特定时间就歇班定休，停下白天的各种活动。我们现在几乎没有在火边静坐默想的机会。

相反，我们每晚都在电视机前度过一天中的最后时光，灯光惨白，与火光相比尤甚。我们甘受各种声音和图像的狂轰滥炸，这些声音和图像来自他人的心灵而不是我们自己的心灵。它们往我们的头脑中填塞各种无用信息、无聊琐事。它们使我们的大脑中充斥着他人的冒险故事、兴奋之事和各种欲念。电视使我们更少有时间感受安静。它吞噬了我们的时间和空间，夺走了我们的宁静。它如同安眠药，使我们昏昏然、茫茫然。"专供眼睛享用的泡泡糖。"斯蒂芬·艾伦（Steve Allen）如此形容电视。报纸跟电视的功效一样。这些物品本身并没有错，是我们自己经常与它们合谋，剥夺了自己的宝贵时光，而我们原本可以在这些时段活得更充实。

其实我们完全可以抵挡外面花花世界中令人上瘾的各种声色光影的诱惑。我们可以培养起别的习惯，使我们的内心重新燃起对温暖、宁静以及内在平静的强烈渴望。比如，静坐下来专注于自己的呼吸，其实跟静坐在火边差不多。深深地专注于自己的呼吸，我们至少能在燃烧的煤火、飘忽的火焰中看到自己的神思在跳跃舞动。同时，一种温暖感也会油然而生。如果我们真的能不妄求达到某种境界，而只容许自己停留在此刻，那么我们就会和简朴时代中人们在火边静坐时感受到的那种古朴宁静不期而遇。这种宁静就蕴藏在我们的思想之后，存在于我们的感受之中。

和谐之美

　　那天，就在我把车开进医院的停车场时，几百只大雁从我头顶飞过。它们飞得很高，所以我听不到它们的鸣叫声。首先让我震惊的是，它们很明显知道自己要去哪儿。它们当时正往西北方向飞，那么多的大雁，长长的队尾遥遥指向东方。而在东方，11月初的太阳正从地平线上冉冉升起。第一只大雁刚一出现，我就被雁群队形中呈现出的高贵与优美触动了，我急忙抓起放在车里的纸和笔，努力用我笨拙的手和眼尽我所能捕捉这优美的图画。寥寥几笔就足矣，它们会倏忽消失不见。

　　数百只大雁组成 V 字形，但是其中有更复杂的安排。队伍中一切都在动。雁队在空中忽高忽低地飞，动作优美和谐，就像一块在空中飞舞的布。很明显，它们之间在相互交流。每一只大雁都知道自己的位置，每一只都在这个复杂而不断变化的雁阵中占有一席之地，每一只都是雁阵的一部分。

　　目睹雁群飞过，我莫名地感到幸运。这个时刻真是上天恩赐于我的礼物。我有幸看到并与人分享了我认为很重要的东西，我并不能经常得到这种眷顾。这种东西，部分是它们的野性，部分是它们体现出来的和谐、有序和优美。

　　在目睹雁群经过时，时光仿佛停止了。在科学家的眼里，它们的队形是"随机的"，就像云的形成、树的形状一样。然而这队形是有序的，这有序中又蕴含着无序，然而无序本身也是一种有序。对我来说，这就是一份充满奇迹、令人惊叹的恩赐。就在我今日的上班路上，大自然向我展示了这小小一隅中的事物本质，它提醒我们人类其实所知甚少，我们欣赏到的和谐其实少之又少，甚至我们见识到的和谐都屈指可数。

于是，当天晚上在读报的时候，我注意到，在菲律宾莱特岛南部高山上的热带雨林被砍伐后，其带来的全部影响并不明朗；直到1991年后半年台风袭来时，这种影响才全部显现出来。⊖当时，失去了植被保护的土壤再也无法储水，于是洪水无阻无碍地以往常的四倍水量从高山上汹涌而下，夺走了该地区数千个贫穷居民的性命。正如一张常见的车贴所写："坏事总会发生！"⊜问题是，我们常常不愿正视自己在灾难中扮演的角色，而轻视万物的和谐定会招致灾难。

在我们周围、在我们自身中，自然的和谐无时不在。感受到它，我们就能获得巨大的幸福。但是我们往往只会在回忆往事或失去它的时候，才会意识到它的重要性。如果体内一切运转正常，我们就不会注意到它。比如你的大脑就绝不会注意到你的头一点不疼。我们行走、视物、思考、撒尿，这种种能力自动运作，因而我们对之习惯成自然，丝毫觉察不到。只有在遭受痛苦、恐惧或损失时，我们才会如梦初醒，有所察觉。可惜到了那时，和谐已经离我们远去，我们发现自己身陷动荡混乱中，就像急流和飞瀑一样，只在生命之河深处还艰难地维持着某种依稀的秩序。一如琼尼·米歇尔⊕在歌中所唱："失去了才知道曾经拥有……"

⊖　1991年11月，"Telma"飓风在莱特岛地区至少肆虐了一周时间，引发了洪水和泥石流，该岛上约6000名居民被夺去生命。——译者注

⊜　据说电影《阿甘正传》中，阿甘在跑步时踩到了粪便，旁边一位失意商人询问他对此事的看法，电影主人公阿甘说："Shit Happens！"被人解读为"人生难免会有不顺遂的事发生"。——译者注

⊕　Joni Mitchell，原名Roberta Joan Anderson，1943年出生，是加拿大有着重要影响力的传奇音乐家、画家、诗人、视觉艺术家和社会观察者。——译者注

从车里出来，我在心里深深地向这些旅行者鞠躬，因为它们为文明化的医院停车场上空涂上了一抹令人振奋的自然野性光彩。

❋ 试一试

拨开无意识的迷雾，感知这一刻中的和谐。你能在云中、在天空中、在人身上、在天气中、在食物中、在自己的体内、在这一次的呼吸中看到和谐吗？看，再看，就在这儿，就在此刻！

黎明即醒

虽然不用去上班，不用早起给孩子们做饭并送他们去上学，也没有任何外在的早起理由，但在瓦尔登湖湖畔生活期间，梭罗仍然每天早上很早醒来，在晨光中在瓦尔登湖里沐浴。这已经成了他的习惯。他这样做完全是出于内在原因，于他是一种精神训练："这是一种具有宗教意味的修炼，也是我所做过的最有益的一件事。"

在本杰明·富兰克林⊖的一句著名箴言里，对早起的优点也大加赞扬，他说早起能给人带来健康、财富以及智慧。他并没有仅停留在口头上，他确实也是这么做的。

早起的好处并不在于使我们这一天中有了更多的忙碌和务事时间。恰恰相反。我们从这一个小时中获得安宁和清静，我们可以用这个时间来开拓意识，沉思冥想，为身心留出时间，我们在这段时间培养无为。清晨的安宁、黑暗、晨光、静谧——所有这些使清晨成了修习正念的宝贵时间。

早起还有其他好处。它能使你这一天有个良好开端。如果你能以清明的心境和内在的安宁开始这一天，那么当你真的开始做事时，你肯定能做得得心应手。与跳下床便开始一天的劳作相比，你更有可能意识更为清醒，内心更为平静，心境更加平稳，无论你要处理的各种事务责任多么紧迫重要。

⊖ Benjamin Franklin，1706—1790，美国著名政治家、科学家，同时也是出版商、印刷商、记者、作家、慈善家、杰出的外交家及发明家。——译者注

　　清晨早起的作用非常强大。即使不做正规冥想修习，它也会对我们的生活产生深远影响。单是每天看着黎明到来就足以唤醒我们的心灵。

　　只有我发现清晨是进行正式冥想修习的绝佳时机。别人都尚在沉睡，尘世的喧嚣尚未开始。我起了床，有大约一个小时的时间，我静静独处，什么都不做。迄今 28 年过去了，我乐此不疲。有时候确实很难起床，我的意识和身体都在抗拒。但是重要的是，要坚持做，虽然我并不喜欢。

　　日常练习的一个主要好处是你会越来越容易看到转瞬即逝的心境变化。每天坚持早起进行冥想与某天早上想不想进行冥想无关。这种做法是要把我们引向更高境界——记住清醒的重要性，记住我们很容易滑进无意识的境地，在生活中缺乏意识和敏感。早起修习无为本身就是一个"回火冶炼"的过程。它能产生足够能量，重新组合我们身体中的"原子"，给我们的身心提供一个新的更坚固的透明"围栏"，这个围栏使我们保持诚实，它提醒我们，人生不仅仅是有所作为。

　　训练使我们更加坚定。这种坚定与昨天过得如何无关，与你今天打算如何度过也无关。每当有重大事情将要发生时，无论这些事令人开心还是沮丧；每当我的心灵及我面临的局面一片混乱时；每当我有许多待做之事因而神经绷得非常紧张时——每当所有这些时候，我都会尽量抽出时间进行正式修习，哪怕只短短几分钟。这样，我就不会错过这些时刻中蕴含的内在意义；这样，我才可能会更好地度过这些时刻。

　　在清晨使自己沐浴在正念中。这样，你等于是在提醒自己，万事万物是不断变化的。月有阴晴圆缺，人有悲欢离合。在面临任何真实状况时，心灵都能保持坚定、睿智、宁静，这种前景是可以实现的。每天选择早起练习其实就是在实践这种前景。我有时将之称为我的"例行公事"，但实际并非如此。正念与例行公事恰恰相反。

如果你不愿比平常早起一个小时，你可以试着早起半小时或 15 分钟，甚至 5 分钟。重要的是这种态度。哪怕早起进行 5 分钟的正念修习也是非常宝贵的。即使牺牲 5 分钟的睡觉时间，也可以使你领悟到我们对睡眠有多么眷恋，因而我们需要多么强大的自律和决心才能挤出一点点时间使自己保持清醒，坚持无为。毕竟，我们那善思的头脑总能找到冠冕堂皇的借口：既然无须完成任何事，又没有什么压力要求你早起，并且甚至还有不要早起的充分理由，为什么不再多睡一会儿，满足自己现在的睡欲呢？何不从明天开始早起呢？

要克服脑子中其他部分浮现出的这种完全可以预见的反对念头，你需要在前一天晚上就下定早起的决心，即无论自己第二天产生什么样的想法都要早起。这才是真正的意志和自律。你早起，因为你向自己承诺过了。你在定好的时间早起，无论自己内心中愿意与否。一段时间之后，这种自律就会成为你自身的一部分，成为你选择的新的生活方式。它不再是"应该"，也不再是强迫自己。你的价值观和行为已然改变。

如果你还没做好这种准备（或者即使你已经准备好了），你可以利用醒来的那一刻作为正念时刻，作为新一天的第一个正念时刻，无论你在哪一刻醒来。在起床之前，努力感受气息的流动。感受你躺在床上的身体，伸展四肢，问自己："我现在醒来了吗？我是否意识到我正在接受新的一天的馈赠？我会在清醒中接受这份馈赠吗？今天会发生何事？这可还是个未知数。在思考自己要做之事时，我能清醒地意识到自己的这种无知吗？我能否将今天视作一场冒险？我能看到此刻中充满了各种可能性吗？

清晨是我苏醒的时刻，黎明在我心里……我们必须学会再度唤醒自己，使自己保持清醒，但不要借助机械的力量，而要借助对黎明的无尽期待。而即便我们陷入了最深沉的睡眠，黎明也不会抛弃我们。我知道，人具备无可争辩的能力，他能通过有意识的努力提升自己的生活，这个事实真令人无比振奋。画一幅特别的画，塑成一座雕像，或者美化一些物品，这些能力确实都很了不起。但是，更值得称颂的是刻画出我们赖以观察事物的情绪和介质……对一日的特性施加影响，这才是艺术的最高境界。

——梭罗《瓦尔登湖》

试一试

　　向自己作出早起的承诺，这会改变你的生活。无论是长是短，让早起的这段时间成为心灵独有、意识清醒的时间。除了保持清醒之外，其他什么都不要做。不要思考白天将做之事，不要活在自我之前。这是一段停留在时光之外的时间，是平静的时间，是感悟当下的时间，是与自己静处的时间。

　　而且，在醒来的那一刻，在起床之前，感受自己的呼吸，感受自己身体中的各种感触，注意可能浮现的任何想法和感受，认真感悟此刻。你能感受到自己的呼吸吗？你能享受此刻呼吸自由进入体内的感觉吗？问你自己："我现在苏醒了吗？"

直接接触

我们经常从他人那里、从课堂上、从书本中或者从电视里、收音机里、报纸上、泛文化中获得关于现实的观点和形象。我们从这些观点和形象中了解事物，了解发生之事。结果，我们看到的往往是自己的思想或他人的思想，而不是呈现在我们眼前或出现在我们心中的事物。我们甚至常常懒得理会自己的感受，因为我们以为自己已经知道一切、理解一切了，所以我们有时会错过新遇带来的心灵震撼和蓬勃活力。如果再麻木一点，我们甚至会忘记直接接触存在的可能性。我们也许会失去最基本的东西，并甚至对此一无所知。我们会生活在自己设想出来的梦一般的现实里，感受不到失落、隔阂，感受不到我们自己制造出来的横亘在我们和体验之间的距离。这种无知无觉会使我们成为精神和情感上赤贫的穷人。而当我们直接接触这个世界时，我们自会有奇迹般的、不同寻常的发现。

维基·威斯科夫⊖于我亦师亦友。他是一位著名的物理学家，向我讲述了下面这个关于直接接触的发人深省的故事。

几年前我受邀去位于图森市⊜的亚利桑那大学⊜开展一系列讲座。

⊖ Viki Weisskopf，原名 Victor F Weisskopf，生于 1908 年，卒于 2002 年，美国犹太裔理论物理学家、科学政治家。——译者注
⊜ Tucson，图森市，又译杜桑或土桑，位于美国亚利桑那州南部，是该州第二大城市。——译者注
⊜ The University of Arizona，亚利桑那大学，成立于 1885 年，是亚利桑那州第一所综合性大学，分为三个校区，主校区位于亚利桑那州图森市。——译者注

我欣然应邀，因为借此机会，我可以去参观基特峰国立天文台[⊖]，那里
有一台尖端天文望远镜，而我一直梦想用它来观察太空。我请求主办方
为我安排一个晚上去参观那个天文台，这样我就能直接透过那台望远镜
观察一些我深感兴趣的天体了。但是对方告诉我说这不可能，因为这架
望远镜一直用于摄影和其他一些研究性活动，不可能腾出来给我看着
玩。于是我回绝了他们的邀请。数天后，对方告知我说一切都如我所愿
安排好了。在一个特别清朗的夜晚，我们驾车到了山顶。繁星闪闪，银
河系熠熠生辉，似乎都触手可及。我进入圆形的观察台，告诉操作电脑
的技术人员，我想看看土星和一些星系。能亲眼看到只在照片上看到过
的景象并且如此清晰，实在是人生一大幸事。在观看的时候，我意识到
房间里渐渐挤满了人，他们也一个接一个地透过这台望远镜观看。有人
告诉我说，这些人都是在这个天文台工作的天文学家，但是他们之前从
不曾有机会直接观察自己的研究对象。我只希望这次奇遇能使他们意识
到这样的直接接触是多么重要。

——维基·威斯科夫《洞察的快乐》[⊜]

试一试

　　设想你的生活如月亮、如星辰那般有趣、充满奇迹。什么使你无法
直接接触自己的生活？你该如何改变这一状况？

⊖ the Kitts Peak astronomical observatory，缩写为 KPAO，位于美国亚利桑那州图森市
　西南方向的基特峰峰顶，是美国国家光学天文台的一部分。——译者注
⊜ 英文名为 *The Joy of Insight*。——译者注

你还有什么要告诉我的吗

毫无疑问，在医生与病人的关系中，直接接触是至关重要的。我们竭尽全力帮助医学院学生理解其中真味，使他们不至于惊慌地逃避之，因为直接接触需要他们投入个人情感，需要他们倾心聆听，在直接接触中，要将病人当作人看待，而不是仅仅看到他们所患的疑难杂症，将之看成锻炼自己的判断力和控制力的机会。许多东西都会成为直接接触之路上的拦路虎。很多医生没有受过这方面的正规训练，他们仍然没有意识到有效交流和关怀在所谓的医疗保健中极为重要。健康关怀在实际操作中常常变成了"疾病治疗"。而如果不打破这种等式的话，我们甚至连疾病治疗都无法做好。

我的母亲因为一直找不到一个肯把她的担忧当回事的医生而大为光火。她说，因为仍然行走困难而且疼痛难忍，所以她在术后又去看了医生。那位曾给她做了人工髋关节置换手术的外科医生，在研究了她的 X 光片后，说看起来很不错（这位医生的原话是"好极了"），他都没直接检查她的髋关节和大腿，甚至对她的抱怨置若罔闻，直到她反复要求了好几次之后，他才亲自进行了检查。此前，医生对她的抱怨置若罔闻——X 光片足以让他深信她不该有任何疼痛。

医生们不知不觉地躲在自己的手术技术、医疗设备、医学检测以及专业术语背后。病人是完整的人，无论是否诉诸于口，他们有自己的独特思想、恐惧、价值观、忧虑以及问题。这样的完整的人，是医生不愿意与之直接接触的。事实上，医生常常怀疑自己是否有能力与病人直接接触，因为这是一个未经探索，因而令人畏惧的领域。某种程度上来说，这可能是因为他们不习惯正视自己的想法、恐惧、价值观、关怀和疑虑，所以他人内心中的这些东西会让他们感到非常害怕。也或者是因为他们觉得自己没时间去打开这些心灵闸门，还或者是因为他们怀疑自己是否有能力恰当应对。但是许多病人所要求的不过是倾听、关注、被人当作人认真对待而不是只着眼于病而已。

为此，我们教我们医学院的学生在门诊结束时问这样一个开放性的问题："你还有什么要告诉我的吗？"我们鼓励他们停顿一下，如果必要的话，多停顿一会儿，给病人以足够的心理空间去考虑自己的需求或来此的真实目的。而如果医生并没有认真倾听或者草草了事的话，病人往往没法就此详谈，或者压根就没机会开口。

一天，在一次教师学习会上，来自另一学院的几个专家讲述了他们的门诊培训课程。这门课用录像带将学生们的门诊情况录下来，直接反馈给学生，让他们观察自己的门诊情况。在学习会中，他们给我们播放了不同学生在门诊中问最后一个问题时的剪辑片段，每个学生只问一位病人："你还有什么要告诉我的吗？"在播放这些片段之前，他们要求我们认真观察，然后做出评价。

看到第三个的时候，我差点没笑得在地上打滚。让我惊讶的是，虽然有些人把握得很好，但是有很多学生都是面无表情，而且后面一个接一个都是如此。可因为表现得非常直白自然，所以其实很难察觉，正如我们常常对自己眼皮底下的事物视而不见一样。

在每个片段里，在说出教授要求他们说的"你还有什么要告诉我的吗"这句话时，几乎每个学生都很明显在来回摇头，他们在无声地传达这样一个信息："噢，千万别，千万别再跟我说什么了！"

做自己的主人

刚到医疗中心工作的时候，我收到了三件白大褂，口袋处工工整整地绣着"卡巴金博士 / 医学系"的字样。这几件白大褂被我挂在办公室门后，一挂 15 年，从未上过身。

对我来说，这些白大褂是我工作中最不需要的东西。我想，对于内科医师来说，这些是有用之物，因为它们能使他们看起来更权威，因此会对病人起到积极的安稳作用。而如果再以合适角度在口袋上面挂个听诊器，那就显得更权威了。所以年轻的医生往往对此更为热衷，他们会故意很随意地挂个听诊器在脖子上。

但是在减压诊所，白大褂往往会适得其反。在病人眼里，我是"放松先生"，是"百事通博士"，是"智慧兼慈悲大师"，我得加班加点工作才不至辜负了这种种期望。以正念为基础进行减压，并进而从更宽泛的意义上来提升人们的健康水平，其全部意义在于鼓励人们成为自己的主人，为自己的生活、自己的身体、自己的健康负起更多责任。我想强调的是，如果每个人都能开始有意识地关注一切的话，那么他就已经主宰了自己，或至少能够主宰自己。很多信息，比如，为了更多地了解自己、了解自己的健康状况而需要的大量信息，个人成长、疗伤、做出明智生活选择时所亟须的大量信息，其实都在我们的指尖，或者说，在我们的眼皮底下。

要更全面地参与把握自己的健康和幸福，我们只需更仔细地倾听，需要信任自己听到的事物，需要信任来自自己生命、来自自己身体、心灵和情感的信息。这种参与和信任往往是医药中缺乏的东西。我们将之称为"动员病人的内在资源"。这样做或是为了进行治疗，或是为了更好地诊治，更清楚地了解病情，更肯定地诊断，更多地问几个问题，更自如地渡过难关。这并不是要替代医学治疗，而是对医学治疗的必要辅助——如果你想真正健康地生活，尤其是在你面临疾病、残疾和健康挑战，面对一个经常冷若冰霜、令人惧怕、反应迟钝甚至医源性错误百出的医疗体系的时候。

　　培养起这样一种态度意味着为自己的生活做主，并因此对自己有某种程度的主宰。这要求我们相信自己。然而令人深感悲哀的是，我们中有许多人都做不到。

　　有意识的探问可以治疗自卑，原因很简单，自我估值低（自卑）其实是对现实的错估和误解。当你开始在冥想中观察自己的身体或仅仅观察自己的呼吸时，你就会清楚地意识到这一点。你会很快明白，就连自己的身体都是那么神奇。它可以毫不费力地在瞬间完成令人惊叹的伟业。我们的自卑问题很大程度上源自我们个人的想象，而且它上面打有过去经历的印记。我们只看到自己的缺点，并把它无限放大。同时，我们要么将自己所有的优点都视为理所当然，要么压根就没有意识到它们的存在。也许我们还深陷在童年时期的伤痛中，那些伤口仍在滴血，然后忘了自己或始终没有发现原来自己也拥有金子般的优点。伤痕固然重要，但是我们的内在美德，我们对他人的关怀和善意，我们身体的智能性，我们的思考和辨知能力也同样重要。我们是真的拥有思辨能力，我们拥有的这种能力远远超过了我们的个人认知。然而，我们往往不能辩证地看待自己，我们经常固执己见地向别人投射这种感觉：你很了不起，我很差。

　　每当有人向我投射这种感觉时，我都会制止他们。我尽量简单明了地将他们投射的东西反射给他们，希望他们看清自己在做什么，希望他们明白他们投射给我的正面能量其实是他们的，是他们自己的。这是他们的能量，他们需要保留它、利用它、欣赏它的源地。为什么要把自己的能量散发给我呢？我自己的问题都已经够多了。

　　人们对彼此的尊重不是依据对方是谁，而是依据对方拥有什么……除了你自己，无人能使你实现心境平和。

　　　　　　　　　　　　　　——拉尔夫·沃尔多·爱默生《自立》

身在心在

你有没有注意到我们其实无法避开任何事情？你不想应对、努力逃避或掩耳盗铃、假装其不存在的事情早晚会找上门来，特别是如果它们与你以往的行为模式、与你的恐惧相关的话。不切实际的想法是，如果这儿不好，我就去那儿，然后一切都会不同。如果这份工作不好，就另换一份。如果这个妻子不好，就另娶一个。如果这个城市不好，就搬到其他地方去。如果这些孩子很麻烦，就另找他人去照看好了。所有这些想法之下隐藏的是，你所有的麻烦根源都不在你，而在于某地，在于他人，在于周围环境。你以为，换个位置，换个环境，一切都会尽如你意，你会重新来过，重新开始。

这种思维方式的问题在于，你很轻易地忽略了这个事实：你去哪儿，你的头脑和心灵也会跟着去哪儿，而你个人的所谓的"气场"⊖也会与你如影随形。你不可能逃避自己，再怎么努力也没用。而除了一厢情愿的臆想之外，你凭什么认为换个地方一切就会好起来呢？如果那些问题其实很大程度上起因于你个人看待问题的方式、你个人的思考模式和行为举止的话，那么无论你躲到哪儿，同样的问题早晚还会出现。很多时候，我们的生活之所以陷于困顿，是因为我们没有好好经营生活，因为我们不愿承担该担负的责任，因为我们不愿解决自

⊖ karma，有很多种意义，一为"能为人感知的气氛、气质、气场"；二为"羯磨"，即"业"，意为决定来世命运的所作所为、因果报应、因缘等；三为"天命，命运，宿命"。——译者注

己的困难。我们不明白，其实我们完全可以在此时此处拥有澄明心境、深刻体悟、实现彻底转变，无论事情多么复杂棘手。只不过，将自己的问题投射给别人，投射给周围环境，相对更容易，更让我们有安全感。

挑刺、责怪、认为需要改变的是外在世界、认为需要逃离那些阻碍你成长、阻止你找到幸福和快乐的力量，这样做当然很容易。你甚至可以将一切怪在自己头上，你甚至可以从一切责任中逃离，认为自己将事情弄得乱七八糟，认为自己已经无可救药。无论哪一种情况，你认为自己无力真正做出改变，不能真正成长，认为自己需要逃离此情此景，这样才不会再给他人带来痛苦。

这种看待事物的方式害了很多人。举目四望，你会发现到处都是破碎的关系、破碎的家庭、破碎的"人"——这些人仿佛无根无基，浮萍一般盲目地从此处漂到彼处，工作换了一份又一份，关系结束一段又开始一段，逃避的想法一个接一个，急切地希望合适的人、合适的工作、合适的地方、合适的书能使一切往好的方向发展。要么就是感到孤独寂寞、无人怜爱，陷在悲观绝望的深渊里自暴自弃，不再努力追求心境的平和。

就其本身而言，冥想无法使人产生免疫，不再去他处寻找解决自身问题的良方。有时人们会不断尝试各种方法，不断更换老师或者不断更换门派，以期找到特殊的方法、特殊的教义、特殊的关系，找到高超的法宝，好使他们实现自我了解、自我解放。但是这可能会使你产生严重错觉，这种寻找会演变成无休止的探求，你借这种探求逃避自己的内心，逃避内心中最痛之事。由于恐惧，由于渴望寻找高人来帮助自己看清一切，人们有时候会对冥想老师产生不健康的依赖。他们忘了，无论老师有多优秀，最终要去理顺自己心灵的人只能是自己，而且劳作材料只能从你自己的生活中选取。

　　有些人甚至将大师指导下的静修冥想错当成了浮于生活中人事的方式，而没有将其看作深刻内省的机会。在静修中，某种程度上而言，一切都很容易。基本的生活需求有人照料。一切变得明朗。你仅需静坐漫走，保持清醒、感受此刻，有细心的厨师为你打理一日三餐，有经过潜心修习、已经在自己的生活中获得了相当理解力、实现了大和谐的大师向你传授他们悟得的智慧。你会获得脱胎换骨般的转变，在鼓励之下更完满更自我地生活，你会知道如何在世间行走，你会获得看待自身问题的更佳视角。

　　很大程度上来说，的确如此。如果你愿意正视静修中浮现出来的一切事，那么优秀的静修大师和静修中长时间的离群索居确实会对你非常有益，会起到一定的治疗作用。但是其中也有危险，这是你需要注意的。这个危险就是静修会使你逃避现实生活，你的"转变"最终也有可能仅是皮毛般肤浅。也许这种转变会在静修之后持续数天、数周或数月，然后又会重返旧有模式，不能明朗认识各种关系，之后你又会期待下一次的静修，或者期待再找到另一个优秀大师，或者期待去亚洲朝圣，或者期待能有什么奇遇，从而使事情变得更明朗，使自己成为更好的人。

　　这种思考和看待问题的方式是一个再常见不过的陷阱。从长远来看，服药也好，冥想也好，酗酒也好，旅游也好，离婚也好，辞职也好，你都不可能成功逃避自己。你只能转变。除非彻底面对现状，清醒地接受现状，任由现实的棱角磨平你自身的棱角，否则你不可能成长。换句话说，你必须主动让生活成为自己的老师。

　　这是一条劳作之路，你借在此时此处的发现在这条路上发现自我。这才是真正意义上的此刻即是——即是此地、即是这段关系、这个困境、这份工作。正念的挑战在于把握自己的境况——无论它多么不尽如人意、多么令人沮丧、多么令人受限、多么没完没了、多么令人无法解脱——在于确信在决定放手止损然后继续向前之前，你已竭尽全力设法改变自己。

所以，如果你认为自己的冥想修习很无聊、很没用或者不适合自己，你认为只有跑到喜马拉雅山的某个山洞里、亚洲的某座寺庙中、热带的某片沙滩上或者某个位于自然胜地的静修院，事情才会有所好转，冥想才会更加有效……请三思。等你到了那个山洞、那座寺庙、那片沙滩、那个静修院，你还会是老样子，心境如旧、身体如旧、关注的呼吸如旧。说不定在山洞里待上15分钟，你就开始要么感到孤单寂寞，要么想要更多光亮，要么就是洞顶漏水滴在你头上。而如果跑到沙滩上，说不定又会遇到下雨或感到寒冷。如果跑到静修院，你又说不定会不喜欢那里的老师，不喜欢那里的食物，不喜欢自己的房间。总会有不尽人意之处。既如此，何不干脆一点，承认自己无论去哪儿其实都一样？其实就在承认的那一刻，你就触到了自己的本质，就把正念引入了自己的内心，为自己疗伤。只有在明白了这一点时，你才能真正领略山洞、寺庙、沙滩、静修院等的丰盈精彩所在。

我在狭窄的峭壁处滑倒：就在那一瞬间，恐惧如万箭刺心，永恒和当下交会。思想和行为高度一致，岩石、空气、冰雪、太阳、恐惧和自我相互交融在一起。令人振奋的是，将这种敏锐的意识延伸到生活中的平常时刻，延伸到时时刻刻对秃鹫和野狼的感悟中。这两种动物，视自己为万物中心，无须隐藏自己的真实本质。大师们想要告诉我们的秘密就蕴藏在此刻的呼吸中，这个秘密，如一位禅修老师所说，就是"当下的清晰明确、坦诚率真和大智大慧"。冥想修习的目的不在于启蒙，而在于专注于平淡无奇的时刻，在于活在当下，活在此刻，在于将此刻的正念渗透到平常生活中去。

——彼得·马修森《雪豹·心灵朝圣之旅》

⊖　Peter Matthiessen，彼得·马修森，两度获得美国国家图书奖，美国旅行作家兼小说家。 1927 年生，作品有《影子乡村》《云雾森林》《非洲沉默》《雪豹·心灵朝圣之旅》等。《雪豹》，*The Snow Leopard*，写于 1973 年，作者随同一位野生动物学家去尼泊尔研究喜马拉雅蓝羊，并希望见到神秘的雪豹。作者曾研究禅宗佛教，所以有了这本灵性探索之书。——译者注

140

上楼

日常生活中随时随地都可修习正念。对我来说，上楼就是修习的绝好时机。在家的时候，我每天都要上楼很多次。我常常需要上楼去拿点东西，或者去跟楼上的人说说话，但是因为我的大部分工作都在楼下完成，所以我经常在这两个地方之间辗转。去楼上找东西、上卫生间，等等，之后还得下楼。

在这个过程中我发现自己总是受牵制。牵制我的可能是要去某个别的地方的需求，可能是我认为接下来需要做的事情、应该去的地方。当我发现自己三步并作两步往楼上冲时，我有时会让意识也狂奔起来追赶自己的脚步。我开始意识到自己有点上气不接下气，意识到自己的心脏和心灵都在狂奔，意识到在那一刻，自己的全身都被某种急迫意图所驱赶，而等到了楼上时，我却常常不知道这个意图究竟何在了。

当我还在楼下或刚开始迈步上楼时，当我能清醒地捕捉到想要狂奔的念头时，我有时会故意慢下脚步，不只是一步一个台阶，而是真正慢下来，也许每呼吸一次才迈一步。我提醒自己，没有什么真正非去不可的地方，没有什么非得以牺牲全面感悟此刻为代价、必须在此刻拿到的东西。

我发现，当我记得这样去做的时候，我更能感受到上楼的过程，到了楼上的时候精神也更为集中。我还发现，匆匆忙忙的从来都不是外在的"我"，而是内在的"我"，而驱使它这样做的无非是缺乏耐心以及思考的时候心不在焉、焦虑重重。这种焦虑和不耐烦有时微弱到只有细细倾听才能觉察，有时则强大到势如破竹不可阻挡。但即便非常微弱，我也能意识到它、意识到它带来的后果，这种意识本身就可以帮助我，使我不至于在这些时刻在心灵的激荡中彻底迷失自我。而且，你可能也能猜到，在下楼的时候这种意识也能发挥作用，但是下楼的时候，由于重力之故，要想慢下来就更是一种挑战。

🌸试一试

在你自己的家中，利用各种普通平常、反复发生的事情为契机修习正念。走去前门、接听电话、找个人说话、去卫生间、将衣服从烘干机里取出来、走去冰箱旁等，所有这些都可以成为慢下来更深地感悟此刻的契机。留意在电话或门铃响第一声时就推动你开始迈步的内在感觉。为什么非要反应这么快，急急忙忙把自己从前一刻的生活中拉出来？能不能更从容地实现这种转换？能不能在原来所在的地方多停留一会儿？

再者，在沐浴或吃饭的时候，努力感受此刻。在沐浴的时候，你是真的身心俱在吗？你是在感受流淌在自己皮肤上的水，还是心在别处，若有所思，压根就忘了沐浴这回事？进餐也是修习正念的很好契机。你在品尝食物的味道吗？你知不知道自己吃得多快，吃了多少，在何时何地吃，吃的什么？你能否在一整天中时时刻刻都心在此刻或者不断地将自己带回到此刻中来？

听着鲍比·麦克菲林的歌清洗炉灶

在清洗厨房里的灶具的时候，我能够在迷失自我的同时找到自我。这是一个极好的正念修习契机，虽然并不常有。因为我并不经常清洗炉灶，所以这对我来说是个相当艰巨的挑战，再者这种活也没有什么固定标准。我喜欢在我清洗完的时候，炉灶能看起来跟新的一样。

我用的那把刷子足够粗糙，如果用它蘸着小苏打足够用力去刷的话，能把污垢除掉，但是又不至于粗糙到把炉灶表层的那层油漆刷掉。我把燃烧器以及下面的灶盘乃至上面的旋钮都拆下来泡在水槽里，等到最后再处理。然后我开始刷洗炉灶的每一寸表面，有时候转着圈儿刷，有时候前后刷。这要根据污垢的位置和结构来定。我拿着刷子一圈一圈地或前前后后地刷，感受自己整个身体的动作，我不再是为了让炉灶看起来干净一些而劳作，而只是移动、移动、观察、观察，观察炉灶在我面前一点点地发生变化。最后，我用湿海绵仔细擦拭炉灶表面。

有时候我会放点音乐。还有的时候，我喜欢安安静静地干活。一个周六早晨，我开始清洗炉灶的时候，收音机里正播放着鲍比·麦克菲林⊖的歌带。于是乎，清洗变成了翩翩起舞，咒语、乐声、节律以及我身体的动作相互交融，歌声在我的动作中飞扬，激情在我的手臂间迸射，我手中的刷子在音调起伏中移动。以前做饭留下的污垢不断地改变形

⊖ Bobby McFerrin，1950年生于美国纽约，被人称为"声音的大师"，歌曲中少有歌词，纯以人声即兴演奏，著名作品有《你别发愁》等。——译者注

状，慢慢消失不见。动作的一起一落都有意识地伴着音乐的节奏。好一场身心共舞！好一场献给当下的盛会！而到了最后，是一个干干净净的炉灶。通常，内心中会响起邀功般的声音（看我把炉灶擦得多干净）以及寻求认可的探问（我是不是干得很漂亮），但是一种清醒的意识很快涌上来淹没了它。

　　从正念的角度来讲，我不能窃功自居说清洗炉灶的是"我"。是炉灶自己在鲍比·麦克菲林、刷子、小苏打以及海绵的帮助下，在热水以及一个又一个此刻的"友情客串"中清洗了自己。

我在地球上的真正使命是什么

"我在地球上的使命是什么？"我们最好一遍又一遍地反复问自己这个问题。否则，我们也许会做了别人该做的事情而尚不自知。而且，这个"别人"也许纯粹就是我们的凭空想象之物，是我们想象世界中的囚徒。

如其他所有生命形式一样，我们被包裹在一个独一无二、被我们称为身体的有机体里，生活如线，无时无刻不在展开，亦非人力所能掌控，它贯穿我们身体的整个存亡过程。作为会思考的生物，唯有我们有能力思考自己的存活——至少是在阳光下度过的这短暂的一生——究竟意义何在。但除此之外，我们还有一种独特能力，能使思考着的心灵如乌云般完全遮蔽我们在这个世界上的生命历程。我们有可能永远意识不到自己的独特，至少只要我们还停留在个人思维习惯和条件发射投下的阴影中，我们就不可能意识得到。

有个故事说，网格圆顶建筑结构的发现者／发明者巴克敏斯特·富勒[⊖]，在 32 岁时，在一个晚上在密歇根湖边考虑了好几个小时，想要

⊖ Buckminster Fuller，生于 1895 年，卒于 1983 年，美国哲学家、建筑师及发明家，有其他众多发明，其中最著名的是在球型屋顶。下文提到的巴克敏斯特富勒烯是因形状类似富勒的球型屋顶而得名。富勒的著作有《月亮九链》《思想与整合》《地球号宇宙飞船操作手册》《乌托邦或湮灭》《直觉》《巨人之现金抢劫》等。据说富勒在遭遇一连串失败时曾想在密歇根湖投湖自尽，但是他说冥冥中有个声音说"你没有自杀的权利，你不属于你自己，而属于整个宇宙"。这与本章节中本书作者提出的宇宙理念暗合。另外，下文中提到的地球号宇宙飞船也疑似是富勒提出来的一个说法，有书《地球号太空船造作手册》为证。——译者注

自杀。他当时遭遇了好几次创业失败，感觉自己的人生一塌糊涂。他当时认为最好是自己离开这个世界，免得拖累了妻子和尚在襁褓中的女儿。很明显，尽管他拥有非凡的创造力和想象力，这种创造力和想象力后来才为人承认，但是他的一切努力都化为了泡影。然而，富勒最后没有结束自己的生命，相反，他决定（也许是因为他对宇宙的基本和谐和秩序深信不疑，他深信自己是其中一个不可分割的部分）从此开始重新生活，就像那夜已经死过一样。

因为已经死了，所以他不用再担心自己的个人生活，反而可以自由地全心全意地作为宇宙的代表而活。剩下的人生就成了一份恩赐。他不再为自己而活，而是全身心地去探问："在这个星球上（他将之称为地球号太空船）我需要利用个人所知做点什么？什么是必须由我来负责的？"他决定要不断追问这个问题，遵从自己的本能，做好个人范围内的一切事情。就这样，因为是作为宇宙的员工为全体人类服务，你会通过自己的本质、自己的状态以及自己所作的事情改变自己周围的一切，为之贡献自己的力量。但这已经不再关乎个人，而是宇宙自我表达中的一部分了。

我们的内心呼唤我们成就什么、成为什么？我们很少下定决心就此提出疑问并进行思考。我喜欢用一个问题来总括所有这些努力："我在这个地球上的真正使命是什么？"或者，"我非常在乎、愿意为之付出的事情是什么？"如果我问了这样的一个问题，而又想不出答案来的话，我就不断地问这个问题。如果你在20来岁的时候就开始思考这个问题，那么等你到了35岁或40岁、50岁、60岁的时候，也许这种追问本身就会引导你到达某种境界。而如果你一味追随主流习俗，遵循父母的期望，或更糟糕的是，遵循个人未经检验、自我设限的信仰和期望的话，也许根本就到达不了这种境界。

　　你可以在任何时候、任何年龄开始追问这个问题。无论何时开始，它都会对你的处事观念和各种抉择产生深远影响。这也许并不意味着你会改变自己所做的事情，但也许意味着你会想要改变自己看待这件事情的方式或者做这件事情的方式。一旦成为宇宙的雇员，那么即使某个人克扣了你的"薪水"，不可思议的事情也会翩然而至。但是你必须得耐心一些。要想在人生中培养出这种处世态度，绝不是一朝一夕就能行的。你最好就从此处开始。至于开始的最佳时间，此时如何？

　　你不会知道这种反思会带来什么。富勒喜欢说，此刻似乎正在发生之事绝不是事态的全部真相。他喜欢说，对蜜蜂来说，重要的是蜂蜜。但是蜜蜂同时又是大自然传播花粉的工具。万物息息相连是大自然的基本法则。没有什么是孤立存在的。万事万物生生不息地在不同层面展开。尽己所能感知这种本质，并学会遵从自己的本性，坚定地在纷繁复杂的生活中守住自己的本心，这就是我们要做的。

　　富勒认为大自然中自有一种基本建筑形式，在这种建筑形式中形式和功能交织相融。他相信，大自然的设计蓝图自有道理，而且在许多层面上与我们的生活切实相关。在富勒尚在人世时，射线晶体学研究已经证实了许多病毒——近似生命的高分子亚微观组合的内部构造与富勒在研究多面体时发现的那种网格球顶式结构一模一样。

　　除了其他的开创性发明和构想之外，富勒设计的网格球状结构还为一种具有非凡特性的碳簇球的发现提供了启示。这个形状像足球的碳化合物的意外发现开辟了一个全新的化学领域，它很快被人命名为巴克敏斯特富勒烯，或曰巴克球。不过这都是富勒去世之后的后话了。在沙池（sandbox）里玩耍，走自己的路，富勒的沉思使他做出了他做梦也没想到过的发现，进入了做梦也不曾梦想过的世界。这些，你也能做到。富勒从不认为自己有什么特殊之处，他认为自己只是个喜欢琢磨创意和模型的普通人而已。富勒的座右铭是："如果我能理解，那么任何人都能。"

　　坚持自我，决不模仿。你的天资，你可以随时用经过一生培育辛苦累积起来的力量将其展示出来。但是，如果借用别人的天分，你注定只能一知半解……做上天要你做的事，不要奢望太多。

　　　　　　　　　　——拉尔夫·沃尔多·爱默生《论自立》

安拉罗格山

"也许能。但是说到底，决定人能否登上山顶的还是山自己。"在被问到一位年龄更长的登山者能否攀上山顶时，珠穆朗玛峰登山队的领队如此说道。

自然界有山，人心中也有山。山的存在本身就吸引着我们，号召我们去攀登。也许山给予我们的全部教诲就是心中有山，无论是内在的还是外在的山。有时候你会苦苦寻觅到处找山而不得，然而当你激情高涨，为找到一条先到山脚再达山顶的路线做好了准备时，山就在那里了。登山是生命探索、精神之旅、成长之路、心灵蜕变以及洞明智慧的形象比喻。我们在登山路上遇到的艰难险阻象征着我们在发展自我、超越自我的路上需要接受的各种挑战。最后，人生本身其实就是山，它给我们提供绝好的内修机会，使我们更坚强睿智。一旦决定进行登山之旅，就有很多东西等着我们去学习，进而成长。这条路上，危机四伏，牵绊很多，结局未卜。最后，登山本身就成为一种激动人心的体验，它的意义不仅仅在于攀上顶峰。

我们首先领略山下是何种景观，然后越过山坡，也许最后到达顶峰。但是你不可能一直待在山顶。只有经历了下山，后退，然后再从远处观察山的全貌时，整个登山之旅才算完成了。然而，在山顶站过之后，你从中获得了新的视角，你的观察方式也许会从此改变。

在《安拉罗格山》[⊖]这个精彩而未完成的故事中[⊜]，雷内·多莫尔[⊜]描绘了一次心灵探险。我记得最清楚的是安拉罗格山上的规则：在继续向上攀登前往下一个营地之前，你必须为即将离开的这个营地补充供给，以供后来者使用，而且下山的时候要沿路留下标记，以便和其他登山者分享你从更高处获得的信息，这样，他们也许能从你所了解的情况中获得一些帮助。

某种程度上来说，如果我们是老师，我们所做的就是这些。竭尽所能，向他人展示我们迄今看到的东西。我们能展示的无非是一个过程报告，一张描绘个人经历的地图，而绝不可能是什么绝对真理。探险就这样一点点展开。我们都在安拉罗格山上。我们需要彼此的帮助。

⊖ *Mount Analogue*，是一部小说，作者是雷内·多莫尔，安拉罗格山是该小说中虚拟出来的一座山。——译者注
⊜ 作者未写完这部小说就过世了。——译者注
⊜ Rene Daumal，法国作家。——译者注

彼此相连

　　我们似乎从小就知道万事万物之间莫不以某种方式彼此相连，此由彼起，彼由此生，此必发生。回想下那些古老的民间故事吧。比如那个关于一只狐狸的故事。一位老婆婆因为捡拾柴火而忘了照看她的牛奶，结果一桶牛奶差点被狐狸喝光。她一气之下砍掉了狐狸的尾巴，狐狸去讨要自己的尾巴，老婆婆说如果它能把她的牛奶还给她，她就给它续上尾巴。于是狐狸去田野里找奶牛，想要一些牛奶，而牛说如果狐狸能带给它一些草它就给它一些牛奶。于是狐狸又去田野那里讨要一些草，而田野说："给我带一些水来。"于是狐狸又去小溪那里讨要一些水，小溪说："给我一个罐子。"就这样最后狐狸到了一位磨坊主那里，这位磨坊主出于善良和同情，给了狐狸一些谷物让它带给母鸡，然后母鸡给狐狸一颗鸡蛋让它带给一位小商贩，小商贩于是给狐狸一些小珠子让它带给那位少女，少女于是给了狐狸一只罐子让它去取水……就这样，狐狸最后拿到了自己的尾巴，欢欢喜喜地走了。万物因循相生。无中不生有，事出必有因。就连磨坊主的善良也不是凭空而来的。

　　仔细审视任何过程，我们都能看到同样的原理在起作用。没有阳光，就没有生命。没有植物，就没有光合作用。没有光合作用，就没有氧气供动物呼吸。没有父母，就没有我们。没有卡车，城市里就没有食物。没有卡车制造商，就没有卡车。没有钢铁工人，就没有钢铁可供制造商使用。没有矿业，就没有铁矿供钢铁工人冶炼。没有食物，就没有钢铁工人。没有雨水，就没有食物。没有阳光，就没有雨水。宇宙形成中如果没有恒星和行星形成的条件，就没有阳光，没有地球。事物之间的关系并不总是这样简单的线性结构。通常情况下，万事万物互相交织成网，丝丝相连，环环相扣。无疑，被我们称为生命、健康、生物圈等的事物都是相互勾连形成的复杂系统，没有绝对的起点和终点。

于是，我们就明白了，一厢情愿地认为某个事物或某种情况是绝对孤立的存在，而没有意识到其间的相连相通，这种做法是多么徒劳和危险。每个事物都与其他事物联系在一起，而且，某种程度上而言，万事万物都是你中有我，我中有你。而且，万物都是相互变通的。恒星横空出世，闪亮登场，然后渐渐消亡。行星也有自己的形成和消亡过程。新车在出厂之前就已经踏上了通往垃圾场的路。凡此种种，既让我们深刻体会到了世间无常，也使我们在拥有各种事物、境况以及关系时不再那么视它们为理所当然。如果我们可以通过更深刻地审视生命、人、事物、观点、时刻，从而认识到每时每刻我们触及的万事万物莫不将我们与整个世界联系在一起，认识到各种人事，甚至地方和境况都不过只是暂时的存在，那么我们也许会更加珍惜他们。当下于是变得更耐人寻味。当下于是成为重中之重。

出入息念[⊖]是一根线，它把我们的经验、想法、感觉、情感、认知、冲动、洞达以及我们的意识等一颗颗珠子串连起来。由是产生的项链是一样新物——并不是实实在在的物，而是一种新的看待事物的方式、新的存在方式、新的体验方式，并由此带来新的处世方式。这种新方式似乎把看似孤立的事物联系起来了。但事实上，没有什么是孤立存在、需要重新连接的。是我们看待事物的方式造成并维持了这种分离。

⊖ mindfulness of breathing，也叫观呼吸、数息观。佛教中的禅定修习大法，在此书中反复出现的观察自己的呼吸就是这种修习。观察吸气与呼气的过程及变化，从而使散乱的心收摄下来、澄静下来，从而对身心内外、宇宙人生的实相如实深观。——译者注

这种新的看待事物的方式和存在方式将生命的碎片拼接在一起，使它们重新归位。它充分尊重每一时刻，这种充分又融合在更大的充分中。正念修习其实就是不断地发现串联万物的丝线的过程。在某一时刻，我们甚至会渐渐领悟到，与其说是我们将万事万物联系在一起，不如说是我们意识到了万事万物间的固有联系。会当凌绝顶，一览众山小。我们占据了有利地形，从此处我们可以纵观全貌，可以清醒地感知时刻的流动。呼吸之流融入了时刻之流，如珠与线交织在一起创造出了新的美丽。

一个个体融入另一个个体，一个群落融入另一个群落，各个群落融合成一个生态圈……直至生物体相遇交融于非生物体：如藤壶与岩石、岩石与土壤、土壤与树木、树木与雨露和空气……耐人寻味的是，所谓的宗教情结以及人类最珍视、最憧憬的心灵呼唤，很大程度上来说其实是对"人类与万物乃是一体、人类与各种已知及不可知的现实密不可分"的感悟。这种感悟说起来容易，但正是对此的深刻理解成就了耶稣、圣奥古斯丁、圣弗兰西斯、罗杰·培根、查理斯·达尔文以及爱因斯坦。令人惊奇的是，他们每个人以不同的方式、用不同的声音发现并重申着同一个真理：九九归一、一生万物⊖——海面上发着微光如磷火般的浮游生物、旋转不停的星球以及不断膨胀的宇宙，所有这一切都被可伸可缩的时间之索捆绑在一起。

⊖ 老子的《道德经》说一生二，二生三，三生万物，万物变幻，九九八十一后再循环，然后归一。——译者注

不伤害——Ahimsa[⊖]

一位朋友在尼泊尔和印度待了数年之后于 1973 年回国，他这样描述自己："即使不能做什么有用之事，但最起码我可以少做一些伤害之事。"

我觉得，我们一不小心就会受到远道而来的事物的感染。当时，就在我的客厅里，这种不伤害的思想瞬间就把我感染了。那一刻发生的事情我将永生难忘。我之前也曾听说过这种思想。瑜伽修习和希波克拉底誓言[⊜]的核心就是不伤害。甘地革命以及他个人冥想修习的基本原则也是不伤害。但是我的朋友说这些话时的真诚，以及这样的话语从一个我自以为了解的人口中说出来而带来的违和感，给我留下了深刻印象。这是一种很好的与世界、与自我相处的方式，它深深打动了我。为何不这样生活，尽可能少制造一些伤害和痛苦？如果早就这样生活的话，今天，疯狂的暴力就不会在我们的生活和思想中肆虐横行了。而且无论在修习期间还是修习之外，我们都会对自己多一份慷慨。

跟任何其他观点一样，不伤害也许是一个很好的原则，但是这个原则重要的是践行。你可以在任何时刻在自己身上、在生活中与其他人相

处时践行这种温和的原则。

你是否有时会苛待自己、羞辱自己？请在这时记住不伤害。意识到这一点，放手。

你是否会在背后议论他人？不伤害。

你是否会不顾自己的身体与幸福对自己要求过高？不伤害。

你是否给他人带来了痛苦和悲伤？不伤害。我们可以轻易对不会给我们造成威胁的人奉行不伤害原则。真正的考验在于你如何对待让自己感到有威胁的人或局面。

伤害的欲望终极根源是恐惧。不伤害要求你认清自己的恐惧，理解这种恐惧，并掌控它。掌控自己的恐惧意味着为这些恐惧负责。为恐惧负责意味着不要任由恐惧左右你的观点和思想。只有清醒地意识到自己坚守什么、摒弃什么，并愿意努力克服这些心灵困境，我们才能从苦海中解脱出来。没有每天脚踏实地的练习，崇高的理想就会屈服于自我的利益。

非暴力主义是灵魂应有的品质，因此，每个人都应该在生活的方方面面践行这一品质。如果不能在生活的各个方面践行的话，它就没有任何切实价值。

——圣雄甘地⊖

⊖　Mahatma Gandhi，印度民族解放运动的领导人和印度国家大会党领袖，印度国父，也是现代民族资产阶级政治学说甘地主义的创始人。他是最负盛名的"非暴力"哲学思想的提出者和践行者。——译者注

如果你无法爱比如乔治五世或者温斯顿·丘吉尔，那么先从你的妻子、丈夫或孩子开始吧。每一天，每一分钟，将他们的福祉置于首位，将你自己的福祉放在最后，然后将爱心从这里延伸出去。功夫不负有心人，只要你竭尽全力，失败这两个字就不会出现。

——圣雄甘地

因缘

我曾听禅宗大师说日常想修习可以转坏的因缘为好的因缘。我一直以为这不过是怪诞陈腐的道德说教而已。很多年之后我才明白其中真味。我想，这就是我的因缘。

因缘意味着万物因循而生。A 和 B 之间必然有某种联系，有果必有因，有因必有果；至少从非量子论的层面来讲，果是因的量具，是因带来的影响。总的来说，当我们说到一个人的因缘时，我们指的是由先前的条件、行为、思想、感受、感官印象、欲望等决定的这个人的人生方向以及他周围事物的发展趋势的总和。人们常常将因缘错误地理解成命中注定或宿命；但其实它更是各种倾向趋势的累积。这种累积将我们禁锢于某些特定的行为模式中，然后这些行为模式又进一步强化了与其类似的倾向趋势；由是，我们很容易沦为因缘的囚徒，认为根源都在别处，在于我们无法控制的他人和环境，而不在于我们自己。但我们不一定非得做旧因缘的囚徒。我们可以改变自己的因缘。我们可以创造出新的因缘。但改变因缘的时机只有一个。你知道是何时吗？

现在告诉你如何用正念改变命运。在静坐的时候，不要任由自己的冲动转变成行为。至少暂时地，只静静观察它们。通过观察，你很快会发现，这各种冲动有起有灭，它们有自己的生命，它们与你并不等同，它们只不过是一些念头而已，你并不必受它们的摆布。不再给它们提供给养，不再对它们做出反应，你就会渐渐开始直接将它们当成想法来理解。这一过程实际上令那些破坏性的冲动在定力、宁静和无为之火中被烧成灰烬。同时，它们就不会再对我们心中的创造性洞见和冲动造成威胁。你会感知那些创造性洞见和冲动，你会清醒地意识到它们，从而为它们提供给养。于是正念就改造了行和果之间的联系，并由是解放了我们，还我们以自由，并为我们开启了新的人生方向。如果没有正念，我们很容易陷入过去形成的惯性中，压根意识不到自己遭受的禁锢，自然也就无法从中解脱。我们就会觉得自己深陷困境总是别人的错、世界的错，而我们自己的观念和感受好像总是合情合理。而如果我们总是加以阻挠，那么此刻永远也无法成为新的开始。

我们常常看到，两个人共同生活了大半辈子，共同养育了孩子，在各自的领域里也都小有成就，等到了晚年，按理应该好好享受自己的人生成果、好好颐养天年了，可是却彼此指责，说对方使他／她的人生痛苦不堪，说自己常感孤独寂寞，他们仿佛陷在一场噩梦里，彼此厌弃，互相辱骂，愤怒和伤害充斥着每天的生活，对这一切，除了因缘二字之外，还能作何解释呢？你会在各种日趋恶化的关系中、各种从一开始就缺少某种根本性东西——正是这些东西招致了悲伤、辛酸、伤害——的关系中一次又一次地看到它的身影。我们迟早会咽下自酿的苦酒。在长达40年的关系中，你动辄生气，性格怪诞孤僻，最后身陷愤怒和孤独的牢笼，这不是意料之中的事吗？此时再去怪罪他人并不能使问题得到圆满解决。

追根究底，囚禁我们的是我们的混沌蒙昧。我们越来越不能全面了解自身潜能，在终生培养起来的不明不悟中，在被动反应和指责的惯性中越陷越深。

在监狱中工作，让我更近距离地看清了"坏"因缘导致的后果，虽然这里的情况与监狱之外的情况并无二致。每位犯人的故事都有前因后果。所有的故事终究都逃不出这个窠臼，都有因有果。许多犯人都不知道自己怎么了，哪里出了问题。通常，这条长长的因果之链源起于他们的父母和家庭、街头文化、贫穷及暴力、信任不该信的人、想找发财捷径、用酒精和其他麻痹身心的药物抚慰创伤，麻醉自己。毒品起了作用，成长史、贫穷以及成长受阻也起了相应作用。这些扭曲了人的思想与感受、行为与价值观，使他们没有调整甚至识别害人的、残忍的、破坏性的以及自我毁灭式的冲动和欲望。

就这样，在某个时刻，在各种前因的铺垫下，在你不知道的情况下，你就"失去了理智"，做出了不可逆转之事，然后眼看着此事以各种方式对将来的时刻产生影响。万事都有果，无论你知道与否，无论是否被警察抓住。我们总会被"抓住"。被它带来的"因缘"抓住。我们每日都在修筑自己的牢笼。某种程度上而言，无论是否意识到，监狱里的那些人曾做出了选择。但是他们其实也别无选择。他们从来都没有意识到选择的存在。说到这儿，我们又一次遇到了佛教徒所说的"不觉"或曰蒙昧、无知。没有觉察到那些未经检验的冲动，尤其是那些看起来有理、合理且合法但带有贪婪或仇恨色彩的冲动会扭曲我们的心智和生活。这样的心境会对每个人都产生影响，有时候是以惊天动地的方式，但更多的时候是以更隐秘的、不为人察觉的方式。我们都有可能被禁锢在无穷无尽的欲望中，被禁锢在被心灵当成真理固守的各种观点和念头中。

如果希望改变自己的命运，我们就得屏蔽掉那些蒙蔽我们身心、影响我们每个行动的事情。这并不意味着做好事，而意味着知道自己是谁，知道无论此刻命运如何，你并不是自己的命运，意味着使自己顺应事物本质，意味着要看得更真切。

那么该从何处开始？为什么不从自己的内心开始呢？毕竟，内心才是将你所有的思想与感受、冲动和认知转换成行动的工具。如果你停下外部的活动，就在此处此刻决定坐下静思冥想，那么你就等于已经在破除旧有命运，而在开创一个崭新的、更有活力的命运。改变就由此而来，人生就此转向。

　　单是停下来、培养无为、仔细观察就能使你以一种完全不同的心态看待未来。为什么？因为只有充分把握此刻当下，你才有可能在未来时刻里更通达、更清明、更仁慈，才不会那么被恐惧或伤害所左右，而更庄严宽容。当下发生的事情以后也可能会发生。如果在此刻，在这个我们唯一能培养正念、滋养自我的时刻里，没有正念、宁静或慈悲，那么以后在我们遇到压力或负重的时候，它怎么可能会奇迹般地出现呢？

　　灵魂狂喜，
　　只因肉体已经腐烂——
　　这种想法简直是匪夷所思。
　　此时所见乃彼时所见。

——卡比尔

整体性和个别性

当我们感受自己的整体性的时候，我们感觉与每个事物合二为一；当我们与每样事物合二为一的时候，我们就感受到了自己的整体性。

静静坐着或者躺着，任何时刻我们都能与自己的身体再次建立联系，超越身体，与呼吸融为一体，与宇宙融为一体，从整体上感受自己，将自己融入更大的整体中。体会这种相互联系，它会给我们带来深深的归属感，会使我们感到自己是万物中不可分割的一部分，会使我们无论在哪里都从容自在。我们也许会体味到一种超越生死的亘古永恒，并为之惊叹不已；同时，我们会在人生旅程中体验到生命的转瞬即逝，体验到我们与自己的身体、与当下、与彼此之间的联结并非永恒。如果能在冥想修习中直接感悟到自身的完整，我们也许就能发现自己能顺应事物本性与万物和谐相处，我们也许就能对事物有更深刻的理解、更悲悯的情怀，也许会少一份痛苦和绝望。

健康、治愈、神圣等词在我们的语言和文化中蕴含的一切寓意都存在于整体性中。在感知到自己本质上的整体性之后，我们就真的不用去任何地方，不用做任何事情了。于是我们就可以自由地为自己选择道路了，在一切有为和无为中，我们都能获得宁静。我们会发现宁静一直就在我们的心里，而当我们触摸它、倾听它的时候，身体也只能触摸它、体味它、倾听它。就这样，顺其自然。而心灵也会来倾听，获得至少片刻的宁静。敞开心胸，虚怀若谷，我们会在此时此处找到平衡，找到和谐，所有的空间都汇聚在此处，所有的时刻都汇聚在此刻。

人之所恶，唯孤、寡、不谷，而王公以为称。

——老子《道德经》

当人们意识到个体与天地合一时，

灵魂自会感到平静。

——布莱克·埃尔克[⊖]

悉达多凝神细听。他现在听得非常专注，聚精会神，毫无杂念，吸纳一切。他感觉自己现在完全领悟到了倾听的艺术。他之前也听到过这些，听到过这河流发生的一切声音。但是今天，感觉有点不同。他不再能区分这其中的各种声音——欢乐的音调和呜咽的音调、孩童般的声音和成人般的声音。现在它们都融为一体不分你我了：思恋之人的悲音、有智之人的大笑、愤怒之人的叫喊以及垂死之人的呻吟。所有这些以各种方式交织在一起，盘结在一起，缠绕在一起。所有的声音，所有的目标，所有的欢愉，所有的善恶，所有这一切，合在一起便是世界。所有这一切合在一起便是万事之河流，人生之音乐。当悉达多凝神倾听这河流之声，倾听这千万种声音汇聚成的歌曲时，当他没有倾听悲音或笑声，当他没有把自己的灵魂与某种特定声音捆绑在一起，没有将之并入自身而是聆听所有的声音时，这个整体、这个统一体、这个由千万种声音汇聚成的美妙歌曲只吟唱着一个字。

——赫尔曼·黑塞[⊜]《悉达多》[⊜]

⊖ Black Elk——译者注

⊜ Hermann Hesse，赫尔曼·黑塞，1877—1962，著名德国小说家、诗人，1946年获诺贝尔文学奖。——译者注

⊜ Siddhartha，《悉达多》，主要讲述古印度贵族青年悉达多为了追求心灵的安宁而孤身一人展开了求道之旅。——译者注

我们需要的是重新学习、观察以及为自己发现整体性的蕴义。

——戴维·勃姆[一]《整体性与隐缠性》[二]

我巨大，
我包罗万象。

——沃尔特·惠特曼《草叶集》

[一] David Joseph Bohm，1917—1992，美国人，著名量子物理学家和科学思想家。——译者注
[二] *Wholeness and the Implicate Order*，《整体性与隐缠性》英文名。——译者注

每一个和这一个

直接感受到的整体性不能代表一切，因为它包含着无穷的多样性，映照并存在于每个独特性中，正如印度神因陀罗[⊖]的宇宙之网[⊜]，每个顶点上都有宝石，每个宝石都映射着整张网，因而也就包含着整体。有的人利用个体的"概念"而不是与个体性的不断接触，使我们一律拜倒在个体性的圣坛下，像压路机一样，磨平了个体的所有差异。但其实，正是在此与彼的独有特性中，才产生了所有的诗歌与艺术，所有的科学和生活，所有的奇迹、魅力及丰富。

所有的面孔都相似，然而我们却能看到每一张独特面孔的独一无二、个体特征和个人特点。这些区别对我们来说非常重要。海洋是个整体，但是里面浪花无数，各个不同；水流众多，个个独特，变化莫测；洋底自成一派风景，各处自有千秋；海洋线也是如此。大气层是一个整体，但是每股气流都独一无二，虽然它们形成的都是风。地球上的生命也是一个整体，但是它存在于各个独一无二、受时光局限的躯体中，有的微小到肉眼看不到，有些则肉眼可观，有些是植物，有些是动物，有些已经灭绝，有些依然存活。所以，修炼之地、存在方式、练习方式、学习方式、爱的方式、成长或疗伤的方式、生存方式、感觉方式、欲了解或不了解之事都有千条万种。独特性才是最重要的。

⊖ Indra，因陀罗，又名帝释天，古印度神话中印度教的主神，主管雷雨。——译者注
⊜ Indra's net，因陀罗网，又名云帝网、天地网，是因陀罗的宝物。——译者注

山雀

山雀
跳到我身边。

——梭罗

拔萝卜的人
用一根萝卜
指着那条路。

——小林一茶^㊀

老池塘
青蛙跳进去——
水花四溅。

——松尾芭蕉^㊁

午夜。无浪
无风。空船
盛满月光。

——道元^㊂

你明白了吗？

㊀ Issa，小林一茶，1763—1827，日本江户时期著名俳句诗人，日本三大古典俳人之一，本名弥太郎，别号菊明、二六庵等，主要作品有《病日记》《我春集》等。——译者注

㊁ Basho，松尾芭蕉，1644—1694，号称日本俳圣，三大古典俳人之首，另外两位俳句大师是江户时代的与谢芜村和小林一茶。——译者注

㊂ Dogen，日本佛教曹洞宗创始人。俗姓源，号希玄，京都人，曾在宋朝时期到中国求法。——译者注

这是什么

要想清醒地活着，追问精神是其根本。质问不仅仅是一种解决问题之道，它还是确保你与生命的基本奥秘以及人类存在的基本奥秘保持联系的一种方式。我是谁？我去往何处？存在的意义是什么？身为一个男人、女人、孩子、父/母、学生、工人、老板、生命体或流浪者，究竟意味着什么？我的命运如何？我现在何处？我的路在哪里？我在这个星球上的真正使命是什么？

追问并不是为了寻找答案，尤其不是为了从肤浅的思考中快速找到答案，而意味着问而不期望得到答案，只是思考这个问题而已，带着这种疑问任由它渗透、沸腾、烹煮、熟透。在意识中进出，就像进出我们意识的其他一切事物一样。

你不必非得在安静中追问。追问和正念可以在日常生活中同时展开。事实上，它们殊途同归。你可以在修车时、在行走时、在洗刷碗碟时、在星光灿烂的春日夜晚听你女儿唱歌时或者在找工作时思索"我是谁"或"这是什么"或"我所往何处"或"我的职责是什么"。

生活中五花八门的问题不断浮现。它们或琐碎或深奥或令人无措。其中的挑战在于不断以正念精神对它们发起追问："这种想法是什么、这种感受是什么、这个困境是什么？""我将如何应对？"或者甚至问："我愿意面对它，或者甚至，愿意承认它吗？"

首先得承认问题的存在，这意味着你有某方面的压力、紧张或冲突。我们也许要花上四五十年的时间才能渐渐承认自己心中确实存在某种恶魔。但是也许能做到这样已经不错了。追问没有什么固定的时间表。它就像坐在案架上的一口锅，随时待用，等着你将它取下来，放入材料，然后放在炉子上加热。

追问意味着反复提问。我们是否有勇气直视任何事情并追问：这是什么？到底发生了什么事？这需要我们长时间地深入研究，不断追问再追问，这是什么？怎么了？这个问题的根源是什么？证据是什么？之间的联系是什么？令人满意的解决方案是什么？追问，追问，不断追问。

虽然追问会使我们产生许多看起来像是答案的想法，但是追问的目的并不在于找到答案。它只关乎倾听你的追问激发出来的思考，就好像你坐在思想的河畔，倾听水声淙淙，倾听水流漫过岩石，倾听，倾听，偶尔见几片叶子或树枝漂过。

自我化

> 一个人的真正价值首先是由他的自我解放程度和自我解放意识决定的。
>
> ——阿尔伯特·爱因斯坦《我眼中的世界》

"我"以及"我的"都是思想的产物。我的朋友拉里·卢森堡在剑桥冥想中心⊖工作，他将这称为"自我化"，指不可避免的、根深蒂固的倾向，恨不能从一切事一切局面中勾画出一个"我"和"我的"来，然后就从这狭隘受限、既虚幻又防卫意识浓厚的视角出发，行走世界。这种"自我化"倾向简直无时不在，但是因为它已经成了我们世界中固有的一部分，所以我们几乎完全注意不到它。就像鱼意识不到水的存在一样，因为它彻底融入里面。无论你是静静冥想还是只清醒地观察自己的生活5分钟，你都会轻易认识到这一点。几乎在每时每刻、每种体验中，我们那思考着的心灵都能构造出"我的"时刻、"我的"体验、"我的"孩子、"我的"饥饿、"我的"欲望、"我的"看法、"我的"方式、"我的"权威、"我的"未来、"我的"知识、"我的"身体、"我的"心灵、"我的"房子、"我的"土地、"我的"主意、"我的"感受、"我的"车、"我的"问题。

⊖ Cambridge Insight Meditation——译者注

如果你带着持续专注、持续质问的精神观察这一过程，你就会看到我们所称的"自我"其实是我们的心灵构想出来的并不持久的东西。如果你苦苦寻觅想找一个稳定而完整的自我，找存在于"你的"经验之下的"你"的核心，你不大可能会成功，你只会在更多的思想中找到它。你也许会说你就是自己的名字，这并不准确。你的名字只是个标签而已。你的年龄、性别、观点等也都一样。这些都不能从根本上说明你是谁。

如果以这种方式探究你是谁或者你的本质是什么，你几乎必然会发现前面所有那些答案都站不住脚。如果你问："那个正在问我是谁的我是谁？"最终你会得到这个答案，"我不知道"。那个"我"只是一个思维产物，因其属性而著称。而这些属性，无论是单独抽出来一个还是组合成一个整体，都无法真正组成一个完整的人。而且，"我"这个思维产物往往是每时每刻不断消解、不断自我重建的。它还常常会有衰减、渺小、不安全和不确定感，因为它的存在从一开始就非常脆弱。这只会使专横以及受苦的人意识不到我们深陷在"我"和"我的"等极其糟糕的思维产物中。

然后还有外力的问题。当外面赞声一片时，"我"总是会感觉良好；然而，一旦在外面遭遇批评、困难、障碍和挫败时，"我"往往会感觉很糟糕。这也许就是许多人丧失自尊的主要原因。我们并不真的了解对认同过程的构建，所以，当我们希望得到赞同或希望受到重视却遭到冷遇、遭遇泼凉水的时候，我们的内心瞬间就会失去平衡，觉得自己不堪一击、卑微可怜。我们很可能会继续尝试从外界奖励、物质财富和爱我们的人那里寻求内心的稳定。这样，我们不断构建自我。然而尽管在不断地建立自我，我们的内心可能仍然缺乏持久的稳定或平静。佛家也许会说这是因为没有绝对独立的"自我"，只有不断构建自我的过程或"自我化"。如果我们能仅把自我化的过程当成一种根深蒂固的习惯，然后允许自己从中抽离一天，允许自己不再这么努力地想要成为"大人物"，而只体验自己的存在，那么也许我们会更快乐更放松一些。

还有，这并不意味着"在做小人物之前你得先成为大人物"，这是新时代对冥想修习的曲解。这种看法认为，在探索"无我"的虚无之前你得先拥有强烈的自我意识。无我并不意味着做无名小卒，而意味着一切都是相互依赖的，没有孤单独立的核心，即"你"。只有在与其他各种力量和事件的勾连关系中，你才成为"你"。这些力量和事件包括你的父母、你的孩子、你的想法、你的感受、外在的世界、时间，等等。而且，从各方面而言，你已经是一个"大人物"了。你就是你已有的样子。但是你的名字、年龄、童年、信仰、恐惧等都不是你的本质所在。它们是其中一部分，但并不是全部。

所以，我在前面说不要如此努力想要成为"大人物"，而要直接体验自己的存在时，我的意思是你在哪里找到自己，就从哪里开始。冥想不是要我们致力成为默默无闻之人，也不是要我们成为无法在现实世界生存、无力直面任何现实问题而只会沉思默想的僵化之人。它是要我们把握事物本质，不以个人思想扭曲事物本质。而这其中，部分是要我们认识到一切都是相互联系的，认识到虽然传统意义上的"拥有"自我在某方面会对我们有所帮助，但是这并不是绝对真实、可靠或永久的。所以，如果你不再因为担心自己做得不够好而竭力使自己超越实际能力范围的话，那么你的真我就会更轻松、更快乐、更容易被接受。

刚开始，我们可以先简化事物的个人化色彩。事情发生的时候，只以玩味的态度对待它，不要掺杂个人偏好。也许它只是无故发生而已。也许它并不是冲你而来。在这些时候，仔细观察自己的内心。它是否又产生了"我"这样"我"那样的想法？问问你自己，"我是谁"或"这个声称是'我'的究竟是什么"。

意识本身可以抵消自我化的力量，并减轻它的影响。也请注意，自我不是永恒不变的。你想要牢牢抓住的、与你自身有关系的任何东西都会离你而去。你抓不住它，因为它持续变化、消亡并被不断重建，不同环境不同时刻中，它总会以略微不同的面目出现。这使得自我意识变成了人们在混沌理论⊖里所称的"奇异吸引体"⊜，变成了一种既象征秩序又代表莫测的无序的模式。自我从不重复自己。无论你何时去看，它总是有所变化。

真实具体、永恒不变的自我很难获得。这并非坏事。这意味着你可以别再太把自己当回事，别再竭力要把个人生活细节变成宇宙运行中心。认识到自己的自我化冲动，放弃这种冲动，这样，我们才能给宇宙多一点空间，任由事情发展。因为我们都是宇宙的一分子，并参与了它的发展，所以如果我们个个都过分以自我为中心、自我放纵、自我批评、自我怀疑、自我焦虑，那么宇宙会顺应我们，按我们的自我设想给我们设计一个梦幻般的看起来貌似真实可及的世界。

⊖ chaos theory，混沌理论的主要思想是，宇宙本身处于混沌状态，似乎并无关联的事件间的冲突，会给宇宙的另一部分带来不可预测的后果。这意味着一个微小的运动经过系统的放大，最终影响会远远超过该运动的本身，类似蝴蝶效应。——译者注

⊜ strange attractor，又译为奇怪吸引子、奇异吸子，奇异吸引子，是反映混沌系统运动特征的产物，也是一种混沌系统中无序稳态的运动形态。——译者注

生气

　　一个星期天早晨，我很早就到了我女儿诺辛的朋友家门口，当我从车里出来的时候，11岁的诺辛看出了我心中升腾的怒火。她害怕我当场发作，令她难堪，稚嫩的脸上现出绝望的表情，她在无声地恳求我不要发火，我也确实意识到了她的这种表情，但我完全控制不住自己。在那一刻我的冲动太过强烈，我无法控制自己，虽然后来我真希望自己当时控制住了自己。我希望她当时的表情在那一刻阻止我、触动我、让我看清楚什么才是真正重要的——让她觉得我是值得她依靠和信赖的——而不是让她担心我会背叛她或让她在他人面前大失面子。但是我那时候太生气了，她的朋友本应在那个时间准备停当，然而却没有，我感觉被她的朋友摆了一道，所以对女儿的担忧没予理会。

　　一腔义愤冲昏了我的头脑。我的"我"不愿再多等待，不愿再被利用。我向她保证我以后不会在当众向她发火，但是我也想立刻跟她谈谈，因为我有种被利用的感觉。我一大早起来，跟她困得不行的妈妈询问相关事宜，本已有点恼火，然后又等，等了那么长的时间，等得心里冒火。

　　事情就这样解决了。但是女儿的神情仍留在我的记忆里，我希望自己能一直记住那个神情。我当时没能很快看懂那个表情，没能完全意识到它的含义。如果当时能够看懂的话，那么那种怒也许在当时当地就消散了。

　　如果执着于狭隘地理解"正确"，那么我们肯定会付出代价。我那转瞬即逝的情绪远没有我女儿对我的信任重要。但是在那一刻，她的信任仍然惨遭践踏。一不小心，一点小小的情绪竟能不知不觉地控制整个局面。这样的事情时有发生。我们给别人以及自己带来的痛苦使我们的灵魂滴血。虽然很难，但我们也不得不承认，也许我们沉溺于这种个人化的怒中的次数实在太多了，也许我们对之屈服的次数太多了。

猫食的教训

我讨厌看见积满污垢的猫碗和我们的餐具一起放在厨房的水池里。我不知道自己为什么对此如此反感。也许是因为我从小就没养过宠物，也可能是它危害公共卫生（比如产生细菌、病毒等）。当我决定洗猫碗时，我先清洗掉池子里堆放的我们的餐具，然后才洗猫的。不管怎么说，当我看到池子里脏兮兮的猫碗时，我很不高兴，而且一旦发现，我会立刻有所反应。

首先我会生气。然后这种怒气会越来越针对个人。我发现，我要是觉得谁是罪魁祸首，我就会迁怒于谁，而这个人常常是我的妻子迈拉。我会感觉很受伤，因为她不尊重我的感受。我告诉她无数遍了，说我不喜欢她这样做，说这让我觉得很恶心。我曾尽可能礼貌地要求她不要这样做，但她仍然我行我素。她觉得我的反应很可笑，说我有强迫症，而一赶时间，她就会将肮脏的猫碗泡在水池里。

而一旦发现水槽里有猫碗，我们很快就会发生激烈的争论，其原因主要是我很生气，觉得很受伤，而最重要的是我觉得"自己"有理由生气，因为我知道"我"是对的。猫食不应该出现在厨房水池中！但一旦它真的出现在那里，我的"自我化"倾向就会变得格外强烈。

近来，我注意到我对此不那么偏激了。我并没有刻意去改变自己的处事原则，我对猫食的感觉并没有改变，但是不知怎么地，我看待这整件事情的方式变了，我以更清醒的意识和更幽默的心态看待它。比如，现在，如果再发生同样的事情——现在仍然经常发生，很烦人——我发现我能清醒地意识到自己在事情发生时的反应。"此刻即是",我提醒自己。

当怒气从心底升腾起来时,我仔细观察它。结果发现,先是一种相对较温和的反感。然后我注意到,被冒犯的感觉如惊涛骇浪般涌来,温和已经荡然无存。家里有人不尊重我的意见,我已经开始觉得这是针对我本人的。毕竟,我的感受在家里应该是举足轻重的,不是吗?

我开始试着改变自己在厨房水池边上的反应,我注视着那些猫碗,不采取任何行动。我可以告诉你,最初那种反感的感受并没那么糟糕。如果我审视它,在呼吸中感受它,并要求自己只去感觉,那么一秒两秒之后它就消失了。我还发现,真正让我发狂的,与其说是猫碗,不如说是那种背叛感和欲望没能达成的挫败感。所以我发现,我的怒火的根源并不是猫食,而是因为我感觉没人听我的,没人尊重我。这跟猫食完全风牛马不相及。呜呼哀哉!

然后我想起我的妻子和孩子对这件事情的态度与我完全不同。他们认为我纯属没事找事。他们认为,如果我的意愿合情合理,他们会尽量尊重,而如果他们认为不合理,他们就不会搭理我,根本不理我的茬。

因此,我不再认为他们这样做都是针对我个人的。如果我真的不想看见猫食出现在水池中,我就卷起袖子立刻把它洗干净。否则,我就把它扔在那里,自己走开。我们不再为此争吵。事实上,现在再在水池里看见这些令我不快的东西时,我发现自己已经能面带微笑了。毕竟,它们教会了我很多。

试一试

在遇到令你恼火、使你生气的情况时,观察自己的反应。注意,哪怕只是将这些令你生气的事物诉诸于口,都会使你陷入受人摆布的境地。这些时候都是用正念做实验的好时机，将正念看成一口锅，把你所有的感受都放进去，感受它们，任由它们慢慢熬煮，提醒自己不必立刻对它们采取任何行动；提醒自己，只需用正念之锅盛放它们，它们自会在这口锅里被煮得烂熟，更容易被消化和理解。

　　观察，看看你的感觉如何成了你的心灵看待事物时的产物，而这种对事物的看法也许并不全面、完整。你能否容许这种事情发生，而不要非去辨出是非曲直？你能否有足够的耐心和勇气去探索，把愈来愈强烈的情感放进"锅"里慢慢熬煮，而不是将之向外发泄出去，强迫世界变成你设想中的样子？你能否明白，这种练习也许会使你以全新的方式了解自我，将你自己从陈旧而令人受限的窠臼中解放出来？

做父母也是一种修习

早在刚 20 岁出头的时候我就开始了冥想修习。那时候，我的时间安排很灵活，能定期参加为期 10 天或两周的静修。这些静修都经过了精心计划，便于参与者能每天从清晨到夜晚一心一意地在正念中静坐、行走，还提供一些营养丰富的素餐。期间的一切活动都在无声中进行。有很出色的冥想大师给我们提供帮助，他们在晚上会给我们讲话，这些讲话令人深受启迪，能帮助我们深化、拓展自己的修习。他们还经常和我们进行单独谈话，了解我们的进展情况。

我喜欢这种静修，因为它们使我抛开生活中的其他一切有待处理的事务，来到乡间一处宁静宜人的所在，有人照料起居，过着极其简单的、沉思冥想的生活，在这里，唯一要做的事情就是修习、修习、再修习。

需要提醒的是，这并不是说静修是一件易事。长时间的静坐不动会让你浑身疼痛，而当你的身心变得更安静、更清闲时，你可能会感到无与伦比的情感上的痛苦。

当我和我的妻子决定要孩子的时候，我知道我得放弃静修，至少放弃一段时间。我对自己说，等我的孩子们年龄足够大、不需要我再整天伴在他们身边的时候，我还可以重新开始冥想修习。我满怀浪漫地憧憬着，晚年时候，我要如隐士般过一种简朴清净的生活。放弃静修，或至少要大幅减少静修时间，这并没让我过于苦恼，因为尽管我重视静修，但我认为我肯定有办法将养育孩子看作另一种形式的修习。这种冥想，除了不具备静修院中的安静和简单之外，其他重要的静修特点应该都具备。

我是这样看的：你可以将每个婴儿看成一个小佛陀或小禅师，看作空投到你生活中的私人正念老师。他们的存在和行为一定会惹毛你、挑战你的所有信仰和极限，会不断给你机会让你看清自己对哪些事物心存执念，从而学会放手。每抚养一个孩子，至少就是为期 18 年的静修，而且不会因为你干得好就奖励你几个假期。这种静修的时间安排严苛无情，需要你不断地无私奉献，充满爱心。在此之前，我基本上是一个人吃饱，全家不饿，典型的单身贵族，然而自有了孩子那天起，我的生活注定要发生天翻地覆的变化。到目前为止，为人父显然是我成年生活中最巨大的一次转变。要想做好人父人母，你需要头脑清醒，超然物外，顺其自然，而这一切对我来说都是挑战。

举例来说，婴儿需要不断的照料。他们的需求按自己的时间表走，而不是按你的来走。而且每天如此，无论你喜欢与否。最重要的是，你必须全身心陪伴他们，这样小孩才会茁壮成长。他们需要你抱，越多越好。需要你陪他们学步，需要你给他们唱歌，需要你为他们摇摇篮，需要你陪他们玩，需要你安慰他们。有时候，他们可能会在深夜或凌晨，在你心力交瘁、精疲力尽、只想睡觉或有其他紧急义务和责任要处理时需要喂养。孩子不断变化的需求给了父母绝佳机会，使你全身心地清醒地体悟当下，而不是要你机械地惯性运作，使你有机会从每个孩子身上感受生命，让他们的蓬勃生气和纯真无邪唤起我们的活力和纯真。我认为，如果我们能让孩子和家庭成为自己的老师，记得认可并仔细聆听他们教会我们的关于生命的课程——这些课程来得迅猛激烈——那么养育不啻是深化正念的绝佳机会。

如其他任何长时间的静修一样，养育中的静修也一样有难有易，有快乐也有痛苦。在整个养育期间，将养育看作冥想静修，将孩子和家人尊为自己的冥想老师，这一原则已经一次又一次地证明了它的重要性和宝贵价值。养育不是一件轻松的事。这像是应有 10 来个全职人员从事的工作，而通常却由两个甚至一个人来全部承担。而且孩子生来并不自带养育手册，没有谁来告诉你应该如何去做。这是史上最难做好的工作，而且大多数时候你甚至根本不知道自己做得正确与否，甚至不知道自己的做法会带来何种结果。而且，我们事先也没有做过任何准备，没有接受过养育方面的任何培训，只能临时上阵，边干边学。

最开始的时候，你几乎没有喘息的机会。这项工作要求你像陀螺一样不停地转。孩子们会不断地挑战你的极限以探索世界、了解自己。而且，随着不断成长和发展，他们也在不断变化。你刚弄明白如何应付这种局面，他们就已经从中成长，进入了你从未遇到过的另一种局面了。你得时刻保持警醒，全身心投入，这样才不会执着于某种已经不适用的观念。而且，对于如何正确地做父母，根本没有现成的答案或简单的定规可供参考。这就意味着你不可避免地会随时遇到各种出人意料、令人深感棘手的情况，而且还会面对一大堆的重复性工作，不得不一遍遍地做。

再者，随着孩子年龄越来越大，他们会渐渐有自己的想法和意愿，情况会更加棘手。照料婴儿的需求是一回事，毕竟这很简单，尤其是在他们会说话之前，这个时候当然也最可爱。然而等孩子再长大一点，你们之间就不断会有意志上的冲突，他们并不总会那么可爱，他们会在你身边聒噪争吵，尖刻地互相嘲笑，会打架，会反抗，会拒绝听你的话，会陷入复杂的社会局面，需要你去指点迷津但不一定会听你的。这个时候，你需要弄清一切，以一定的智慧和平衡技巧（毕竟，你是成年人）有效地对他们做出回应。简而言之，这个时候他们会不断以各种需求损耗你的精力，使你几乎没有时间留给自己。你会陷入无穷无尽的困境中，宁静清明的心境受到挑战，你会发现自己在逐渐丧失这种心境。你无处可逃，无处可躲，也没有什么别的方法能同时满足你们双方的需要。你的弱点、癖好、缺点，你的反复无常和失败，你的孩子都看在眼里，记在心里。

这些磨难不是养育或正念修习中的障碍。它们就是修习，如果你能记得以这种方式来看待它们的话。否则，你的养育生活就会成为漫长而令人深受煎熬的炼狱。如果你的意志不够坚强、不够清晰，你就会忽略或甚至看不到你自己以及孩子身上的美好之处。如果孩子的需求和内心的美好常常得不到充分尊重，那么孩子们会很容易心灵受伤，而受伤的心只会给他们、给家庭带来更多问题。自信心缺失、自卑、沟通能力低下、处事能力低下，这些问题不会随着孩子渐渐长大而自行消失，而往往会加剧、恶化。而作为父母，我们可能不能敏锐地觉察到孩子能力低下或心灵受伤的征兆，因而不能采取措施去补救，因为某种程度上这可能是我们自己一手造成的或是我们不知不觉中酿成的。而且，有时候这些伤过于细微易被忽略或者我们将其归在了其他原因上，这样我们就在自己心里摆脱了自己原本应担负的责任。

很明显，因为把所有的精力都向外散发了，所以父母必须时不时地获取其他能量来滋养自己，使自己恢复元气。否则这种过程就不可持久。那么父母能从哪里获得这些能量呢？我认为可能的来源只有两种：外在的支持和帮助，一是从伴侣、其他家庭成员、朋友、保姆等人那里获得，二是从自己喜欢做的事情里获得，哪怕是偶尔做做也行；内在的支持和帮助，你可以从正式的冥想修习中获得，如果你能哪怕从生活中抽出一点点的时间，只感悟一下宁静，只静静坐一会儿，或只做一会儿瑜伽，以此以自己需要的方式滋养自己。

我在清晨冥想，因为在这个时间段家里非常安静，也没有人需要我关注，而且，因为杂事很多，事务缠身，如果我不在清早做的话，稍后我可能就太累或太忙而没空做了。我还发现，在清晨修习能为这一整天定下基调。它既能提醒也能使你确认什么才是重要的，而且它能积蓄正念，使其渗透到这一天中的方方面面。

但是如果家里有了婴儿，那么甚至清晨的时间也需要争取才能得到。你做任何事情都不能太过投入，因为即便进行了精心安排，你这边刚开始做，那边可能就有人、事来打扰，甚或使你的计划彻底泡汤。我家的宝宝睡觉很少。他们似乎总是睡得很晚醒得很早，尤其是在我进行冥想的时候。他们似乎能感觉到我起来了，然后也会跟着醒过来。有时候我不得不将时间提前到凌晨四点，好起来静坐一会儿或者做一会儿瑜伽。而有的时候，因为照顾他们使我精疲力尽，我觉得睡觉更为重要。还有的时候，我会将孩子放在大腿上，任由她/他来决定我能静坐多久。他们喜欢被包裹在冥想用的毯子里，只把头露出来，安静地待着，伴随我的不是我个人的呼吸，而是我们的呼吸。

那些日子，包括现在，我强烈地感觉到，在我抱着宝宝静坐的时候，他们感受到了我的身体、我的呼吸以及我们之间的亲密接触，这使他们感受到了一种宁静祥和的气氛，使他们感觉自己被接纳。因为不像成年人那样满脑杂念，忧心忡忡，所以他们的内心比我的更放松、更纯净，而这也使我更宁静、更放松、更投入。当他们蹒跚学步时，我就一边做着瑜伽，一边任由他们在我身上爬上爬下，或骑或吊在我身上。在地板上玩耍嬉戏的同时，我们发现了可以两人合作完成的新的瑜伽姿势。这种非语言的、清醒的、虔诚的肢体运动给为人父亲的我带来了极大的欢乐和幸福，同时也使我们彼此之间相依相连。

孩子年龄越大，我们就越容易忘记他们其实也是住在家里的冥想师。当我渐渐地对他们的生活越来越没有直接发言权时，要想保持正念，不反应过激，要清醒地审视自己的反应包括过度反应，要承认自己的心神飘移，都越来越难做到。我在抚养孩子期间录下的那些旧磁带，里面只听到我声嘶力竭的狂吼，而不知道发生了什么事。怒吼无非就是因为男人的那点事，比如我在家里的角色，合理或不合理的权威，如何宣示自己的权力，我在家里感觉舒适与否，不同年龄、不同阶段的家庭成员之间的关系以及他们之间频发的需求竞争。每天都是一个新的挑战。你常常会感到力不从心，有时候会感到特别孤单。你感觉与孩子之间的鸿沟越来越宽，你也知道保持距离有利于孩子的心灵发展，有助于他们探索世界。但是有利归有利，这种距离也会令人受伤。有时候我都忘了作为成人应该怎样行为举止，而做出一些很幼稚的举动。而如果我心智不够清醒，没有履行自己那一刻的职责和任务，孩子们很快就会让我迷途知返，清醒过来。

　　养育生活和家庭生活有时可以成为正念修习的绝佳练习场，但是如果你意志薄弱、自私懒惰或者不切实际，那绝对不行。养育如一面镜子，它迫使你审视自己。如果你能从中学习，那么你自身也会有所成长。

　　即使最亲密的两个人之间也始终存在无限的距离。正是这个距离使我们能够看到对方映衬在天际的全貌。如果能意识到这一点，并能欣然接受这个距离，那么两人就能并生并长，携手共进。

　　——赖纳·马利亚·里尔克⊖《给一个青年诗人的十封信》

　　要想获得全部，你就必须押上自己的全部。除此之外别无他法；没

⊖　Rainer Maria Rilke，赖纳·马利亚·里尔克，1875—1926，奥地利诗人。——译者注

有捷径，没有他法，没有妥协。

——荣格[⊖]

试一试

如果你是一位父母或祖父母，可以试着将孩子看作你的老师。不时地静静观察他们，仔细听他们说话，揣摩他们的肢体语言。通过他们的仪态姿势、所见所闻、行为举止评估他们的自尊心。他们此刻的需求是什么？他们在一天中的这个时候需要什么？他们在人生的这个阶段又有何需要？问问你自己："此时我当如何帮助他们？"然后追随自己内心的答案。而且要记住，在很多情况下，最没用的可能就是建议了，除非在确实需要建议的时候。而这个时机是需要你好好把握的，而且你还得注意说话的方式。只需注意力高度集中，保持绝对清醒，包容、陪伴，这就是给予他们的最好礼物了。再者，清醒的拥抱也有益无害。

⊖　C. G. Jung，全名为卡尔·古塔斯夫·荣格，1875—1961，瑞士心理学家和精神分析
　　医师，分析心理学的创立者。——译者注

再谈做父母

　　当然，你是孩子的主要生活老师，就像他们是你的老师一样。你如何扮演这个角色将不但给你的人生带来很大不同，而且对他们的人生也至关重要。在我看来，为人父母是一种长期但又并非永恒的守护。如果将他们看作"我们的"孩子或"我的"孩子，我们就会将他们当成自己的私人财产，会塑造并控制他们以满足我们的个人需求。如果这样，我相信我们会麻烦不断。无论你喜欢与否，孩子们现在以及将来都只属于他们自己，但是他们需要关爱和引导才能充分发展。正确的监护人或引导者需要具备极大的智慧和耐心，这样才能在监护或指导的过程中将人生至理传递给下一代。为了圆满完成这份工作，有些人，包括我在内，不仅需要有养育孩子、关爱孩子的基本本能，而且需要持续不断的正念。要在孩子发展个人优势、培养个人观点、培养个人技能的时候给他们提供保护，以便他们在人生路上行走。而这条路，他们以后只能完全靠自己去探索。

　　有些人认为冥想对自己的生活很有用，于是就禁不住教孩子进行冥想。这实在是大错特错。在我看来，向孩子，尤其年龄尚小的孩子，传授智慧、冥想以及其他任何东西的最佳方式是以身示范、现身说法，以行动表现你最想传递的东西，同时把嘴闭上。我认为，你越是热衷于谈论冥想，对其赞不绝口，或者坚持要你的孩子以某种特定方式来做，你反而越可能让他们对冥想产生反感心理。他们会觉得你固执己见，对他们颐指气使，强迫他们接受某种观念，这种观念对你而言是真理，在他们看来却未必。而且他们会知道这是他们的人生之路而不是你的。而随着他们渐渐长大，如果你的言和行之间有任何出入，他们可能都会觉得虚伪。

如果你一心一意专注于自己的冥想修习，他们会渐渐知道它，了解它，并理所当然地接受它，将之当成生活的一部分，当成一种正常的活动。他们有时甚至会在吸引之下模仿你，正如他们常常模仿父母的行为那样。这样做的意义在于，他们学习冥想、修习冥想的动力完全是自发的，执着的程度也完全依据个人兴趣而定。

大音希声。真正的教育应如春雨般润物无声。我的孩子们有时候跟我一起做瑜伽，因为他们看见我在做。不过很多时候他们有更重要的事情要做，对之完全没有兴趣。静坐也一样。但是他们对冥想并不陌生。他们对之多少有些了解，而且他们知道我很重视冥想，我自己一直在修习。这样，因为小时候跟我一起做过，所以当他们想要修习的时候，他们就知道该如何去静坐了。

如果你自己在练习，你会有某些时机非常适宜向孩子推荐冥想。这些建议当时也许有用，也许没用，但是至少为未来的萌芽播下了种子。当孩子遭受痛苦或恐惧或难以安然入睡时，就是建议他们冥想的良好时机。不要盛气凌人，也不要强人所难，你可以建议他们注意自己的呼吸，放慢呼吸速度，如乘一叶小舟在水面漂荡，观察内心的恐惧或痛苦，寻找意象和色彩，在想象中和这些问题共舞，然后提醒他们，这些都不过是心灵幻想出来的画面，就像电影一样。提醒他们，他们可以改变这电影、思想、意象、颜色，然后，也许很快就会心情舒畅，觉得自己更有力量。

有时候这对学前儿童尤其有效，但是等到了 6 岁或 7 岁的时候他们也许会觉得这样做很丢脸或很蠢。而等这个年龄段过去之后，他们也许会在某个时期又开始接受它。无论如何，他们心中已经埋下了冥想的种子，这种子告诉他们，有内在的方法可以应对恐惧和痛苦；而通常情况下，当他们年龄再大一些的时候，他们会想起这种方法。他们将从自己的直接体验中得知，除了思想和情感，他们还有其他。他们会知道，他们可以用特定方式理解这些思想和情感，这会使他们有更多机会参与并影响事物的发展。而且，他们还会知道，别人的内心动荡不安，并不意味着他们的内心也得如此。

修习中易犯的错误

如果你一生都在修习正念，那么在前进路上你可能会遇到的最大障碍无疑是你那思考着的心。

比如，你可能会时不时地以为自己已经达到了某种境界，尤其是当你在某些时刻感到特别满足、前所未有时。你可能会耽于美思，或甚至到处宣扬，说自己已经达到某种境界，说冥想修习确实"有用"。你的自我会认为这种奇妙感觉或感悟全都是自己的功劳。一旦如此，你就不是在冥想而是在炫耀了。人们很容易陷在其中不能自拔，利用冥想修习自我吹捧。

而一旦陷在其中，你就不再清醒。如果被这种自私自利的想法占据，再澄澈的眼光也会被阴翳蒙蔽，难辨真假。所以你得提醒自己，所有的"我"以及"我的"都是思想之流，它们会使你偏离自己的内心，使你体验不到直接体验中蕴含的纯粹。在我们最需要冥想、最容易背叛冥想的时候，这种提醒会使我们的修习更有活力，使我们的审视更加深刻，使我们带着质疑和与生俱来的好奇心不断追问："这是什么？""这是什么？"

或者，有时候你会认为冥想修习毫无进展，事情并没有如你所愿。你会感到疲乏没劲，感到无聊乏味。这仍是你的思想在作祟。无聊乏味也好，萎靡没劲也好，觉得没达到某种境界也好，都很正常。正如觉得自己达到了某种境界是很正常的想法一样。而事实上，说不定你的修习正有深化和愈发强健的迹象。真正的陷阱在于夸大这些体验或想法，并

且觉得这些很特殊。当你执着于自己的体验时，你的修习才真正陷入了
停滞，而此时，你的进步也会停止。

试一试

无论何时你觉得自己已经达到了某种境界或者觉得自己没有达到该
达到的境界，你可以问自己以下问题，也许会有所帮助："我应该达到
哪种境界？""谁应该达到那种境界？""为什么相对某些心境而言，有些
心境得不到认可，被认为没有全心全意？""我是在用正念感受每一刻，
还是仅沉迷于空有修习之壳而无冥想之实的修习中？""我是否把冥想当
成了一种手段？"

当自我指向型的感受状态、注意力不集中的习惯以及强烈的感情左
右了你的修习时，以上问题可以帮助你度过这些苦难时刻，并能使你很
快重新认识到每个时刻原有的清新和美丽。或许你忘了或者没有完全明
白，其实冥想是这样一种活动，它不求去往他处（达到某种境界），只
求身心俱在此处。如果你讨厌此时正在发生之事，或者讨厌此时所在之
处，那么这种冥想就是一剂苦药，但是在这些时刻，这剂苦药更值得
一服。

正念是精神性的吗

如果你在字典里查"spirit"（精神），你会发现这个词源于拉丁语的"spirare"，其意为"呼吸"。纳气为吸⊖，吐气为呼⊜。一吸一呼、一纳一吐之间，精神与生命之呼吸、生命力、意识、灵魂就都联系在一起了。这些联系都是上天赐予我们的非凡礼物，因此显得格外神圣庄严，不可言喻。从深层意义上来看，呼吸本身就是精神对我们的终极恩赐。然而，正如我们所见，只要我们的注意力还放在别处，我们就永远不能深刻而广泛地探索其价值。正念修习是在生命每一刻中蕴藏的蓬勃活力。觉醒之时，一切都能赋予我们灵感。万物莫不在精神的范畴之内。

然而我总是尽量避免使用"精神性"这个词。我在医院的工作是把正念融入医疗保健中去，我们还在其他环境中工作，比如，在我们位于市中心的多元化减压诊所、监狱、学校、一些专业机构等，并且我还跟运动员打交道。我发现，对我所有的工作来说，这个词既毫无用处，也毫无必要，并且极不恰当。再者，我觉得这个词和我砥砺深化自己的冥想修习也毫无相通之处。

这并不是说从根本上来讲冥想不能被视作"精神性的修习"，而是在我看来，这个词的隐含意思不准确、不完整、经常使人误解。冥想可

⊖ 英文为 inspiration，其中 in- 意为"人"，inspire 为"吸气"。——译者注
⊜ 英文为 expiration，ex- 意为"出"。——译者注

以是深刻的自我完善之路，它升华人的认知，完善人的观点，提升人的意识。但是，在我看来，相比较它能解决的问题，"精神性"这个词带来的实际问题更多。

有些人将冥想称为"意识修炼"。我喜欢这个词胜过"精神性修习"，因为"精神性"这个词在不同人眼中有不同的蕴义。所有这些蕴义都不可避免地与信仰体系和潜意识的期望交织在一起，而这些信仰体系和期望又是我们大多数人不愿正视的，这就阻止了我们的发展，甚至使我们无从知道我们可以实现真正的成长。

有时候，人们来医院告诉我说他们在减压诊所度过的那段时间是他们人生中曾有的最精神性的体验。我很高兴他们有这样的感受，因为这是他们从自己的冥想修习中直接得来的，而不是从什么理论、思想意识或信仰体系中获得的。我觉得我懂得他们的意思，虽然我也知道，他们是在努力用语言来描述一种内在体验，一种本质上而言无法描述的体验。但是我深深地希望他们能坚持下去，无论这种体验或了悟是什么，我希望它能生根、发芽、成长。希望他们明白，冥想修习的目的不在于达到某种境界，甚至也不在于获得令人愉悦或深刻的精神性体验。我希望他们能渐渐明白，正念超越于一切或痴妄或其他的思考之外，此处和当下才是正念作用的舞台。

"精神性"这个说法会限制而不是拓展我们的思想。很多时候，人们会把有些东西视为精神性的，而把其他排除在外。科学是精神性的吗？为父为母是精神性的吗？狗是精神性的吗？身体是精神性的吗？心灵是精神性的吗？分娩是精神性的吗？那吃饭呢？绘画、演奏音乐、散步、赏花等呢？呼吸是吗？爬山又是不是？很明显，一切都取决于你如何清醒地把握它。

正念使一切都散发着"精神性"这个词赋予的光辉。爱因斯坦用

"宇宙宗教感情"来形容他在思考物质世界的内在秩序时产生的感受。伟大的遗传学家芭芭拉·麦克林托克[一]的研究长期被男性同行忽视和鄙夷，直到 80 岁高龄时才被承认并被授予诺贝尔奖。她说，她在攻克并理解玉米遗传学难题的努力中感受到了"有机生命的存在"。也许归根究底，精神性仅仅意味着直接体验万物合一、相互联系，意味着明白个体性和整体性的相互交织依存，意味着明白没有什么是孤立存在的。如果借助这种方式，那么从深层次上来看，一切都是精神性的。重要的是内在的体验。你得去感受它。其他一切都是空想。

同时，你得当心，不要陷入自我欺骗、妄想谬见、浮夸炫耀、自我膨胀的泥淖中，不要心存恶念，残害其他生灵。自古以来，许多灾难都源于人们对某种"精神性"真理的执念，更多的灾难则由那些披着精神性的外衣、伤害他人以满足一己私欲的人一手制造。

而且，我们对精神性的理解中总夹杂着一种自以为是。这种拘泥于字面意义的狭隘观点常常将精神置于"粗俗""不洁""受惑"的身体、心灵以及物质之上。如果落入这种观点的窠臼之中，人们就会利用精神观念逃避现实生活。

从神话学的角度来看，精神的概念有种向上升华的特性，一如詹姆斯·希尔曼[二]以及其他原型心理学的拥趸者所指出的那样。它的能量象征着上升，从扎根于大地的现实世界上升到一个非物质的、光辉灿烂的世界，一个无与伦比、万物合一、大彻大悟的宇宙统一体。但是，虽然这种统一无疑是一种极其罕见的人类体验，这并不是一切的终结。而且，很多时候，其中只有一分是直接体验，其余九分都是虚妄的想象。

[一]　Barbara McClintock，芭芭拉·麦克林托克，1902—1992，美国科学家、杰出的细胞遗传学家，第一位单独获得诺贝尔医学奖的女科学家。——译者注
[二]　James Hillman，詹姆斯·希尔曼，原型心理学家，著作有《破译心灵》。——译者注

人们，尤其是年轻人，对精神性统一的追求往往都是受天真以及浪漫的渴望所驱使，他们渴望超越悲伤苦难，渴望摆脱真如[⊖]世界的各种责任、逃避真如世界中的潮湿和黑暗。

超脱之念有时是一种逃避，可以使人愚妄。这就是为什么佛教文化，尤其是禅宗，强调要回到原点，要回归平常生活、日常生活，他们将之称为"大隐隐于市"。这意思是，无论身在何处、身处何境，无论是飞黄腾达还是落魄潦倒，只需活在当下，充分感悟当下。禅宗追随者们有这样一句大不敬但却发人深省的说法，"见佛杀佛"，意思是只皈依于概念意义上的佛或只执着于开化是大错特错的。

请注意，我们在山禅中所说的山的意象不仅指山屹立于芸芸众生之上的缥缈、高山仰止的巍然，也指山立足大地、植根岩石的厚重，还指于风霜雪雨、严寒酷暑中岿然矗立的安然与泰然，进一步指，心灵在面对一切沮丧、愤怒、困惑、痛苦以及苦难时的安之若素。

心灵研究者提醒我们，岩石象征的是灵魂，而不是精神。它的方向是向下的，而灵魂之旅的方向从象征意义来讲也是向下的、向着地下而去。水也是灵魂的象征，它也体现着向下的特征，正如湖之禅中所述，低洼处积水成潭，它拥岩石入怀，黑暗、神秘、善纳，而且常常冰冷潮湿。

灵魂感悟植根于多样性而非单一性中，它以复杂和模糊、个别性和真如为基础。灵魂的故事是传奇，是要追求不止，是要冒生命危险，要忍受黑暗，会遭遇阴影，要被埋于地下或水下，有时会迷失，有时会困惑，但又始终要坚持下去。在坚持中，当我们从黑暗中、从我们非常惧

⊖ suchness，真如，佛教用语，真指真实不虚，如指对真实的反映，合真实不虚与如实观察之意，称为真如。又有解释为真是真相，如是如此，真相如此，故名真如。——译者注

怕但选择勇敢面对的地下的阴森中浮现出来时，我们最终会看到自身的闪光之处。这种闪光一直都在，但是只有历经黑暗和痛苦之后，我们才能重新发现它们。它们始终属于我们，虽然它常常不为他人所见，甚至连我们自己也常常看不到它。

各种文化里的神话故事都关乎灵魂而非精神。我们在《生命之水》中谈到的小矮人就是一个灵魂式的人物。《灰姑娘》（*Cinderella*）是一个关于灵魂的故事。罗伯特·布莱在《铁约翰》中指出，该故事的原始意象是灰烬。你（因为所有这些故事都是关于你的）被埋于灰烬之下，紧挨炉底，紧依大地，同时满怀痛苦，你的内在美丽不为人知、被人利用。在这段时间里，你的内心正在发展、成熟、蜕变、接受磨炼，你最终脱胎换骨成为一个充分发展的人，光彩夺目，熠熠生辉，同时又深谙世界之道，而不再是被动、天真、受人摆布的木偶。这种成熟之人体现着灵魂与精神、向上与向下、物质与非物质的和谐统一。

冥想修习本身就是见证这段成长和发展之旅的镜子。它既使我们升华，也使我们沉静；它要我们面对并拥抱快乐与光明，同时也要我们面对，甚至欣然接受痛苦和黑暗。它提醒我们，要利用发生的一切，利用我们的所在之处为契机，去追问探询，敞开心胸，增强力量，增加智慧，走自己的路。

对我来说，"灵魂""精神"这样的词都是我们在了解自己、在这个陌生世界中寻找属于自己的位置的过程中，努力尝试描述人类内心体验的产物。灵魂中不能没有真正精神性的工作，精神中也不能缺少真正灵魂性的工作。我们的魔鬼、恶龙、小矮人、巫婆和妖怪、王子和公主、国王与王后、岩缝与圣杯[⊖]、地牢和船桨都在这里，随时准备教导

⊖　grail，耶稣在最后的晚餐时所用，据说在耶稣被钉于十字架上时其门徒曾用以承接耶稣的血滴。——译者注

我们。然而，为了成为成熟之人，在我们每时每刻的生活中，我们得聆听，得以一种英雄般永不停止的追求精神接受它们。这种精神我们每个人都具备，无论我们知道与否。也许我们每个人所能做的最"精神性"的事情就是通过自己的眼睛去看世界，带着万物合一的眼光去观察，带着正直善良的心去行动。

……他们的眼睛，他们沧桑而明亮的眼睛，洋溢着欢乐。

——叶芝《天青石雕》[⊖]

⊖ W. B. Yeats，全名为 William Butler Yeats，威廉·勃特勒·叶芝，1865—1939，爱尔兰诗人，1923 年获诺贝尔文学奖。《天青石雕》(*Lapiz Lazuli*)，记录了叶芝对中国的想象和向往，诗中描写了一块雕刻着中国古人形象的天青石，上述诗句描写的即是中国人的形象。在叶芝看来，诗中的中国古人代表一种快乐的智慧。——译者注

后　记

　　我认为人们在买冥想方面的图书时并不是随手拿起一本就买。这本书出版已经 10 年，而且被译成了 20 多种语言，这一事实足以表明人们喜欢它，表明它里面提供的基本信息确实打动了人心。这也许是因为我们非常需要直接亲身体验自己是谁——虽然我们内心深处可能已经知道自己是谁，但仍然感觉有点距离。也许是因为这本书引发了人们对真实、亲密、澄澈的越来越广泛而深刻的渴望，也许它提醒我们，使我们想起了自己已经知道的事情：这些特性只能在我们自身中找到，只能在我们的直接生命体验中找到。而无论我们的境况如何，生命体验始终只能在当下、此处展开，也只存在于当下、此处。也许是人们从标题中感受到了召唤，如果可能的话，要清醒地感知自己的体验。也许是人们意识到，我们很容易陷入行尸走肉般的生活状态，因而错过了人生中的很多东西，并给自己编造出关于我们是谁、我要去往何方的虚假故事。我们走在通往虚幻之境的路上，这个虚幻之境也许我们永生都无法抵达，但如果真到了那里，我们也许会陷入万劫不复的深渊。

　　这本书是我的心爱之作。在我看来，它此前的样子已经完美得不容赘言，因此，当有人要我为 10 周年纪念版写点什么的时候，我很不愿意以前言的形式在书的开头部分添加任何新的内容。于是就有了这个后记。

　　似有千言万语，又似乎无话可说。冥想修习是无垠的。数字时代的到来，再加上生活节奏越来越快，我们能够在越来越短的时间里完成越来越多的事情，这一切使得人心内外动荡不安、困惑不已，我们因此越来越可能永生都触摸不到自己，越来越可能彻底失去对生命的感悟——在这样的动荡和速食时代，能看到冥想修习在我们的社会中扎下如此深厚的根基，实在令人宽慰。以上种种都是人类社会整个发展史上见所未见的。人类正走到一个关键的转型期、一个临界点。正念是保持清醒的能力，是全身心的存在和澄澈视物的能力，是我们与生俱来的能力。对我们来说，它从未如此重要。

在我看来，在这种动荡时代，我们比以往更需要内在智慧，更需要保持清醒。无论对个人还是对人类集体而言，我们不但要用这种智慧和清醒指导我们充分发展我们作为人的潜能，而且要让智慧和清醒伴随我们在这个世界上的各种活动，并对我们的活动施加影响。正念修习是一种非常强大的工具，它能使我们蜕变，使世界发生转变，它能帮我们疗伤，能治愈世界，尤其如果你把它理解成一种存在方式，一种关乎重大、一刻一刻地清醒生活的方式，而不是将它当成一种技巧，当成你在已经极为繁忙的日间必须做的又一件事的话。因为正念修习是我们进入永恒的途径，所以它的影响超越了时间，在时间之下、在时间之内，因此你无须达到某种境界即可实现转变，也不需要因为自己的冥想修习不够充分、不够完美而苛责自己。

因为，正如本书所说，你已经足够完美。我们都已经足够完美。目前的样子就刚刚好，哪怕有许多缺陷和不足。问题是：我们能意识到这一点吗？我们能带着这种意识静坐下来吗？我们知道它吗？我们能否领悟到自己的整体性，能否在此处，在我们目前所在之处，在我们身处的各种好、坏、不堪、迷失、困惑、令人心碎、令人恐惧或痛苦的处境中将这种整体性展现出来？我们能有这种觉悟吗？我们能否认识到自己的觉醒中蕴含着的无限美丽、神秘与智慧？还有，能否意识到我们的觉醒是可以通过照料和亲切温和的关照无限地提高改善的？无论我们去哪里，我们就在那里，而所谓的"那里"其实总是"这里"，所以这就要求我们承认并在一定程度上接纳事物的本原样子，只因为它本来就是这个样子，无论它是什么样子——我们能认识到这一点吗？我们能充分发展吗？能更智慧地度过我们这宝贵而转瞬即逝的一生吗？

这些其实本质上都属于同一个问题。本能的回答是我们能、我们能……沉下心来想想，难道还有别的什么事要做吗？我们的人生，里面充满各种可能，时时都在实况转播，但我们却常常看不到它，注意不到它，将之丢在一旁，所以如果可能的话，我们应充分重新拥有它。这才是最重要的。反正要么是"无论你在哪里，你就在那里"，要么是"无论你在哪里，你不在那里"。而无论身在何时，这两种描述都是事实——在某种程度上。但我们有时会对"这个程度"弄虚作假，我们改造自己的本原样子，并总在此处此时暂时忘了自己的本原样子。

哪怕只修持几分钟，我们的心也会向正念靠近。正念会唤起我们对自己的亲密感，而这种亲密感之所以产生，是因为从根本上来讲，正念与我们、与世界本身就是亲密无间的，这种亲密就存在于两者之间的间隙中。正念修习能立刻使我们触摸到世界以及我们内心中固有的善和美。它使我们免受恼人的情绪的干扰，免受不安且评判不止的心灵乱境的影响，从而使我们清醒地感受此刻，它揭示了这种做法给我们带来的影响和慰藉。而且，它还告诉我们，如果我们能承认这些情绪以及心灵乱境的存在，或者不再试图将它们封闭起来，它们就会自行消减，而这种做法只会更令人不安，只会全面地、由内而外地带来伤害和痛苦，而不会带来光和善。

我向你深深鞠躬致敬，我敬你有勇气、有毅力、全身心地投身这长达一生的冒险中。在我们的日常生活中，我们每时每刻都体现并反映着我们自身以及世界的无数种可能。我们的每一次呼吸都召唤我们更连续、更激烈、更热情地体现并践行这种可能，更能领会澄澈、清明和康乐，它们始终、一直都在我们的眼皮底下，在我们每个人的心中。

　　愿我们持续不断地、一遍又一遍地致力于体悟我们身心中最深刻、最美好的东西；愿我们呵护我们最真实的本性，使之发芽、开花；为了离我们或远或近的人，为了我们认识或不认识的人，使之每时、每天为我们的生活、工作以及世界提供滋养。

——乔·卡巴金

于 2004 年春